WPS

Office 办公应用

从入门到精通

郭绍义　戴雪婷◎著

天津出版传媒集团

天津科学技术出版社

图书在版编目（CIP）数据

WPS Office办公应用从入门到精通 / 郭绍义，戴雪婷著. -- 天津 ：天津科学技术出版社，2022.9（2023.9重印）

ISBN 978-7-5742-0382-2

Ⅰ．①W… Ⅱ．①郭… ②戴… Ⅲ．①办公自动化-应用软件 Ⅳ．①TP317.1

中国版本图书馆CIP数据核字(2022)第136593号

WPS Office办公应用从入门到精通

WPS Office BANGONG YINGYONG CONG RUMEN DAO JINGTONG

责任编辑：王　璐

出　　版： 天津出版传媒集团

天津科学技术出版社

地　　址：天津市西康路35号

邮　　编：300051

电　　话：（022）23332695

发　　行：新华书店经销

印　　刷：衡水翔利印刷有限公司

开本 710×1000　1/16　印张 13　字数 180 000

2023年9月第1版第2次印刷

定价：48.00元

首先，感谢您选择了这本书！

WPS Office是由北京金山办公软件股份有限公司自主研发的一款办公软件套装，拥有办公软件常用的文字、表格、演示、PDF阅读等功能，具有内存占用小、运行速度快、云功能多、强大插件平台支持、免费提供在线存储空间和文档模板等优点。

在现代商务办公中，WPS Office已经成为人们制作办公文档的重要工具。它适用于工作汇报、企业宣传、产品推介、项目竞标、管理咨询、教育培训、婚礼庆典等领域。

全书12章包括三大部分内容：WPS文字应用、WPS表格应用以及WPS演示应用。附录则为WPS Office 2019 常用快捷键汇总。

本书具有以下特色。

⊙ 举例说明，详细讲解基础知识

本书将使用WPS Office 2019 时涉及的常用基础知识进行了归纳与整理，分别在每一章节的前半部分根据章节主题，依托实例进行详细讲解，涉及工作汇报、企业宣传、教育培训等常见应用领域。这种以实例贯穿基础知识点的讲解方法，可以使读者更加轻松地学习WPS Office基础知识。

⊙ 图文结合，清晰呈现操作步骤

本书在进行实例讲解时，配有对应的软件截图，并在必要之处清晰地标注操作步骤或操作重点。读者通过本书的学习，制作办公文档时可以快速运用操作技巧，迅速提高办公效率。

⊙ 提升设计能力，即学即用

本书在每章的基础知识讲解中融合了相应的设计能力提升小技巧，比如排版、配色等方面的设计知识。读者通过本书的学习不仅能掌握WPS Office软件的基础知识，用得更加熟练，还能提升自己的设计能力。

本书既可以作为人力资源、销售、市场营销、文秘、老师等专业人员的参考用书，也可以作为大中专院校、电脑培训机构的参考用书。

由于计算机技术迅速发展，计算机软硬件不断更新迭代，书中的疏漏和不足之处在所难免，敬请广大读者及专家指正。

最后，特别感谢吕芷萱、王亚贤、蒋文强、高品、姜楠、左宏、杜利明、王凤英、赵漫与、刘涵薇、杨宝琛、王锦涵对本书做出的贡献。

目 录
Contents

PART1 WPS文字应用——办公文档

Chapter1 WPS文字基础操作快速入门

Chapter2　WPS文字的进阶功能

Chapter3　图文混排办公文档的制作

Chapter4　WPS 文字中表格的应用

PART2 WPS表格应用——办公表格

Chapter5　WPS表格基础操作快速入门

Chapter6　WPS表格中数据的计算

Chapter7 数据的排序、筛选与汇总

Chapter8 WPS表格中图表的应用

PART3 WPS 演示应用——办公幻灯片

Chapter9　初识WPS演示

Chapter10　幻灯片中的图片与图形

Chapter11　在WPS演示文稿中应用表格与图表

Chapter12　在WPS演示文稿中插入音视频与放映

PART1 WPS 文字应用——办公文档

Chapter1 WPS 文字基础操作快速入门

本章我们将了解WPS文字应用的基础操作，我们可以借助强大的WPS文字处理软件输入与编辑文本，为文本添加格式。通过对本章的学习，大家可以掌握WPS文字应用部分有关文本编辑的基础操作，也可以为日后的WPS 文字应用进阶学习奠定基础。

1.1 文档的创建、文本的输入与编辑——制作"关于实施封闭管理的通告"

本节将对创建与保存空白文档、输入文本、在文本中插入时间日期以及选取、复制、粘贴与剪切文本等基础操作进行介绍。同时，对设置文本的字体、字号与字重，设置字符边框和底纹，突出显示文本等操作进行详细讲解。

前我们一定要养成设置文档的保存位置和为文档命名的习惯。

首先，启动WPS Office，选择"新建"选项，如图1-1所示。

图1-1

1.1.1 创建与保存空白文档

空白文档是指没有任何信息的文档，在制作任何类型的文字文档前都要先创建一个空白文档。在编辑文档然后，选择"新建空白文字"即可创建一个新的空白文档，如图1-2所示。除此方法外，可以在启动WPS Office后，使用"Ctrl+N"快捷键，也可以直接新建空白文档。

图1-2

此时我们已经新建了一个空白文档，建议大家先对文档进行保存与命名，再进行文档的编辑。单击"保存"按钮或使用快捷键"Ctrl+S"，如图1-3所示。

图1-3

在"保存"→"更多位置"→"另存文件"窗口中，可以选择文档存储的位置，然后在"文件名"一栏中设置文档的名称，在"文件类型"一栏中选择合适的文档类型，最后单击"保存"按钮即可保存当前文档，如图1-4所示。

图1-4

除了创建空白文档外，大家还可以根据自己的需要，在"品类专区"选择模板，如图1-5所示。如果在"品类专区"没有找到想要的模板，大家也可以直接在搜索框中搜索在线模板。

图1-5

1.1.2 输入文本与插入日期

（1） 输入文本

在输入文本之前，我们可以先设置文字的字体与字号。单击“开始”选项卡，单击“字体”下拉选项，选择合适的字体，如图1-6所示。

首页
稻壳
文字文稿1
文件
开始
插入
页面布局
引用
审阅
粘贴
剪切
复制
格式刷
宋体 (正文)
五号
字体
设置不同的字体。
Calibri Light
(标题)
Calibri
(正文)
宋体
(标题)
宋体
(正文)
所有字体
等线
等线 Light
二代身份证[号码专用]字体
二代身份证信息专用字体
仿宋
黑体
华文细黑
楷体
宋体
微软雅黑
微软雅黑 Light
新宋体

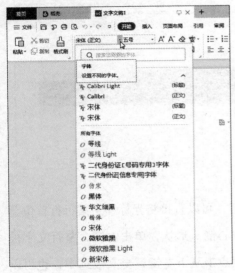

图1-6

在“字体”选项的右侧，可对文字的字号进行设置。

随后将光标移至空白文档处单击，输入文档标题，如图1-7 所示。

关于办公区实施封闭管理的通告

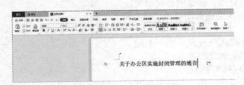

图1-7

标题输入完成后，按“Enter”键换到下一行，直接输入正文即可，如图 1-8所示。

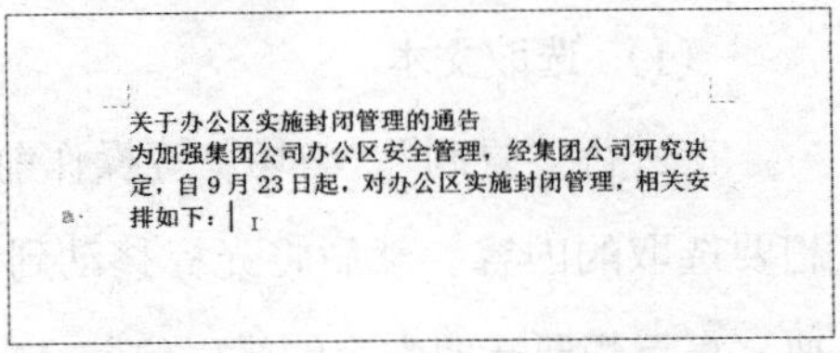

关于办公区实施封闭管理的通告
为加强集团公司办公区安全管理，经集团公司研究决定，自9月23日起，对办公区实施封闭管理，相关安排如下：

图1-8

（2） 插入日期与时间

有时，我们需要在文档中插入日期和时间，虽然日期与时间可以直接输入文本，但未免步骤烦琐，这时我们可以利用“插入”选项卡在文档中插入日期与时间。

首先选择“插入”选项卡，单击“日期和时间”按钮，如图1-9所示。在弹出的“日期和时间”对话框中，在“可用格式”列表中选择一种日期格式，单击“确定”按钮。

关于办公区实施封闭管理的通告
为加强集团公司办公区安全管理，经集团公司研究决定，自9月23日起，对办公区实施封闭管理，相关安排如下：

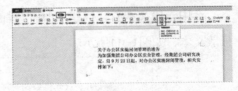

图1-9

1.1.3 文本的选取、复制与粘贴

编辑文档时，我们有时需要从外部文件或其他文档中复制一段文本内容并

将其粘贴到WPS文档中。接下来讲解如何选取、复制与粘贴文本。

（1） 选取文本

在进行“复制”“剪切”等操作前，我们需要选取文本内容。在文档中找到想要选取的内容，然后将光标移动到该内容的开头部分，按住鼠标左键进行拖拽，直至想要选取内容的最后位置，如图1-10所示。

关于办公区实施封闭管理的通告
为加强集团公司办公区安全管理，经集团公司研究决定，自9月23日起，对办公区实施封闭管理，相关安排如下：

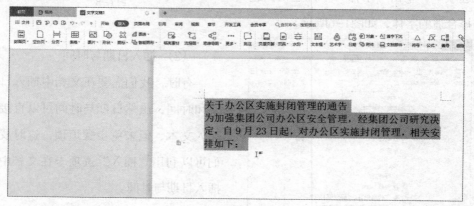

图1-10

如果想要选取整行、整段、全文内容，可以直接将光标移至某行行首位置的空白处，待鼠标光标变为向右斜指的空心箭头形状，单击左键，整行文字被选中；双击左键，整段内容被选中；连续点击三下左键，全文被选中，也可以使用快捷键“Ctrl+A”全选文本内容。

选中一段文本后，按住“Ctrl”键的同时再选择其他不连续的文本即可选定分散文本，如图1-11所示。

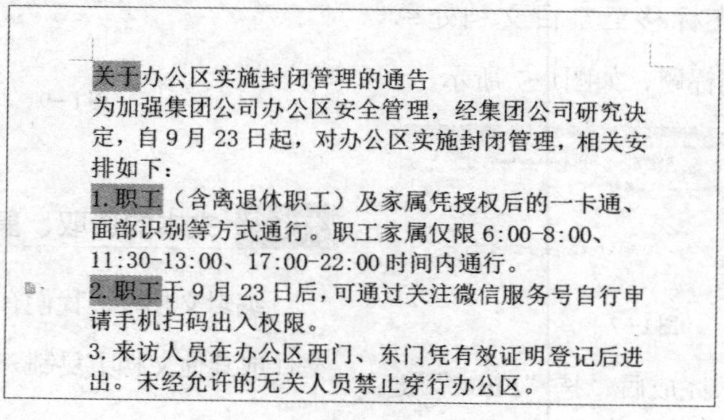

关于办公区实施封闭管理的通告
为加强集团公司办公区安全管理，经集团公司研究决定，自9月23日起，对办公区实施封闭管理，相关安排如下：
1. 职工（含离退休职工）及家属凭授权后的一卡通、面部识别等方式通行。职工家属仅限6:00-8:00、11:30-13:00、17:00-22:00时间内通行。
2. 职工于9月23日后，可通过关注微信服务号自行申请手机扫码出入权限。
3. 来访人员在办公区西门、东门凭有效证明登记后进出。未经允许的无关人员禁止穿行办公区。

图1-11

（2）复制与粘贴文本

选取想要复制的文本内容后，单击鼠标右键，在弹出的选项卡中选择"复制"按钮，如图1-12所示，或使用快捷键"Ctrl+C"。

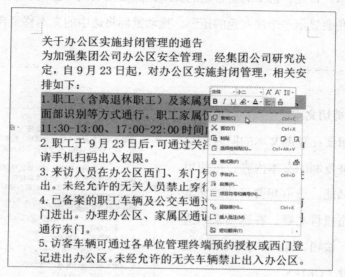

图1-12

然后选择想要放置复制的文本内容的位置，再次单击鼠标右键，在弹出的选项卡中选择"粘贴"按钮，如图1-13所示，或使用快捷键"Ctrl+V"。

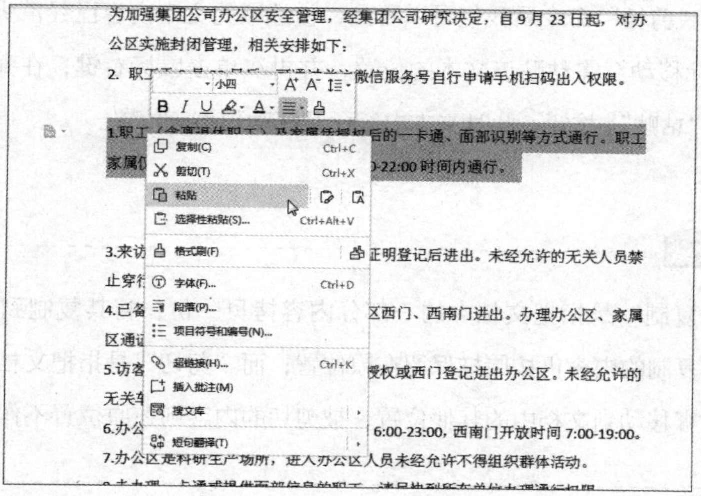

图1-13

Tips:

除了"复制""粘贴"可以移动文本外,还可以使用鼠标拖拽的方式移动文本。首先,选中需要移动的文本,然后按住鼠标左键不放,此时光标右下角会显示一个浅灰色的矩形,拖动鼠标将选中的文本移至合适位置即可。

(3) 剪切文本

如果想要在复制文本的同时删除原文档中被复制的文本内容,可使用"剪切"功能。选取想要移动的文本内容,单击鼠标右键,在选项卡中选择"剪切"按钮,如图1-14所示,或使用快捷键"Ctrl+X"。

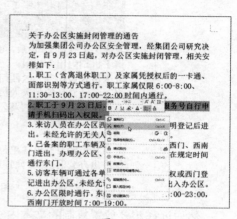

图1-14

执行"剪切"命令后我们可以看到,被选取的文本内容已经消失,接下来我们将光标移动至需粘贴该文本的位置,并再次单击鼠标右键,在弹出的选项卡中点击"粘贴"按钮,此时文本内容已经移动到相应位置。

Tips:

"复制"是指把文档中的一部分内容拷贝一份,将其复制到其他位置,被复制的内容仍按原样保留在原位置;而"剪切"是指把文档中的一部分内容移动到文档中的其他位置,被剪切的内容则在原位置不作保留。

1.1.4 设置字体、字号与字重

在输入所有文本内容之后，我们即可设置文档中的字体格式，从而使文档看起来层次分明、结构工整。在前文中我们对设置字体与字号进行了简单的说明，接下来再向大家详细介绍设置字体、字号与字重的操作步骤。

首先，打开文档，按住鼠标左键拖拽，选中想要对其设置字体的文本内容。选中后，松开鼠标左键，在文本旁边会自动显示设置字体的活动窗口，单击"字体"下拉按钮，在弹出的字体库中选择字体，比如"微软雅黑"。此时将鼠标放置在字体选项上即可在文档中看到该字体的样式预览，鼠标左键点击该字体选项即应用该字体，如图1-15所示。

图1-15

通过活动窗口更改字体后，单击字体右侧的"字号"下拉按钮，在弹出的列表中选择字号，如"一号"。同字体的设置方式一样，将鼠标放置在选中的字号上即可看到该字号的预览，点击该字号选项则应用选中字号。另外，我们也可以使用浮动窗口中"字号"右侧的两个按钮——"增大字号"和"减小字号"对字号进行快速更改。

接下来我们尝试对字色进行修改。首先，单击"字体颜色"下拉按钮，如图1-16所示。

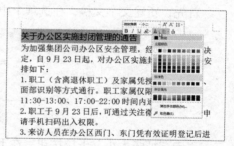

图1-16

此时，我们可以在弹出的颜色库中选择一种颜色。我们也可以点击弹出窗口中的"其他字体颜色"，在弹出的"颜色"窗口中，有更多颜色可供选择。

1.2 为文本添加格式 ——制作"A工程项目总结报告"

本小节主要介绍如何调整文档页面的大小与格式，如何插入项目符号与序列编号，如何设置文本的对齐方式，如何调整文本的字间距、行间距与文字宽度，以及如何为文本设置缩进字符和为文本添加注音及插入特殊字符。

1.2.1 调整文档页面大小与格式

在创建不同类型的文档时，对页面的大小也有不同的要求。在创建新的空白文档后，大家可以根据自己的需要对页面大小进行设置。WPS的默认页面尺寸通常为A4大小，下面为大家讲解设置纸张大小与格式的具体操作。

(1) 设置纸张大小与方向

首先，新建文字文稿，在选项卡中选择"页面布局"，如图1-17所示。

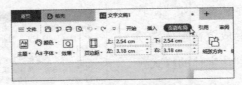

图1-17

单击"纸张大小"下拉按钮，在下拉列表中选择合适的纸张大小即可。

接下来我们对纸张的方向进行设置。通常在默认的文档设置中，页面是纵向的，我们可以根据需要将其设置为横向。在"页面布局"选项卡中，单击"纸张方向"下拉按钮，如图1-18所示。

图1-18

在下拉菜单中选择"横向"选项后，纸张即可变成横向显示。

（2） 设置页边距

除了设置纸张大小和方向外，还有一个常用的基本设置，即页边距。页边距是指本节文档中的文字或整篇文档中的文字与页面边线之间的距离，一般页边距的默认设置是上下2.54厘米，左右3.18厘米。

首先，选择"页面布局"选项卡，单击"页边距"下拉按钮，在下拉菜单中显示了几个已经预设好的选项，如图1-19所示，大家可以根据需求进行选择。也可以在下拉菜单中选择"自定义页边距"选项对页边距进行设置。

图1-19

然后在弹出的"页面设置"对话框的"页边距"页面中，分别为"上""下""左""右"输入数值，单击"确定"按钮，如图1-20所示。

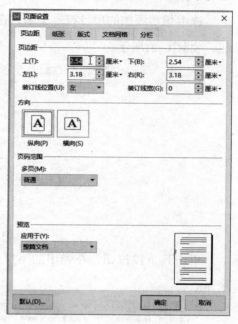

图1-20

在完成自定义页边距设置后，再次单击"页边距"下拉按钮，在弹出的选项卡中会显示"上次的自定义设置"页边距。

除了能够设置页面的页边距，在"页面设置"对话框中还可以对当前页面的纸张大小、版式、分栏等参数进行详细的设置。

1.2.2 插入项目符号与序列编号

项目符号是指添加在段落前的符号，一般用于并列关系的段落。下面为大家详细介绍插入项目符号的操作方法，我们以"A工程项目总结报告"为例。

　　选中想要添加的项目符号文本，在"开始"选项卡中找到"项目符号"按钮，如图1-21所示。

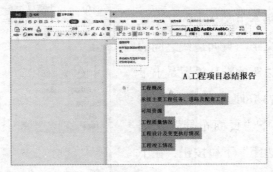

图1-21

　　单击其下拉按钮，在弹出的下拉列表中选择想要的符号样式，如图1-22所示。

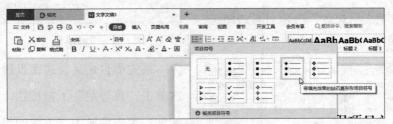

图1-22

　　此时，选中的文本已经添加了该项目符号，如图1-23所示。

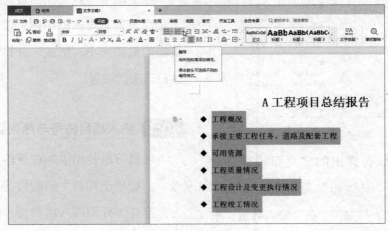

图1-23

除了插入项目符号外，在制作规章制度和管理条例等文档时，大家还可以用插入编号来编排内容，从而使整个文档内容更加清晰。同样地，选中想要编号的文本，在"开始"选项卡中找到"编号"按钮。单击其下拉按钮，在弹出的下拉列表中选择想要的序列编号样式即可，如图1-24所示。

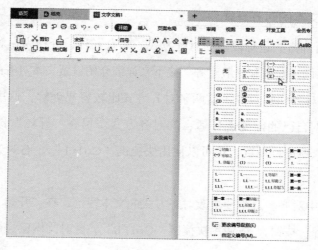

图1-24

除了在下拉列表中选择编号样式外，大家还可以自定义编号的样式。

首先，框选文本后单击列表最下面的"自定义编号"选项。在弹出的"项目符号和编号"对话框中选择"编号"选项卡，随后选择一种编号样式，如图1-25所示。

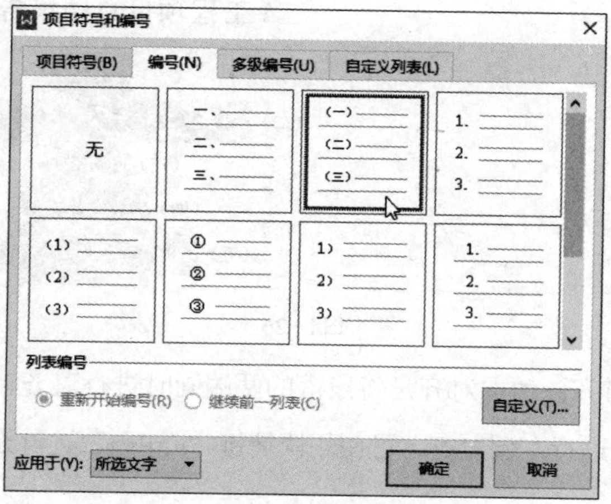

图1-25

然后，单击右下角"自定义"按钮，在弹出的"自定义编号列表"对话框中，大家可以自行设定编号格式和编号样式，最后单击"确定"按钮，完成设置。

1.2.3　设置文本的对齐方式

　　文本的对齐方式也称段落的对齐方式，共有五种，分别为左对齐、居中对齐、右对齐、两端对齐和分散对齐。接下来详细介绍设置文本对齐的方式。

　　（1）左对齐和右对齐。这两种对齐方式比较容易理解，这里不做赘述，大家可以根据自己的需要选择适合的对齐方式。可在"开始"选项卡中单击"左对齐"选项进行设置，也可以使用快捷键"Ctrl+L"，右对齐的快捷键为"Ctrl+R"。

　　（2）居中对齐。选中要更改对齐方式的文本段落，在"开始"选项卡中单击"居中对齐"按钮，或使用快捷键"Ctrl+E"，此时文本已经居中对齐，如图1-26所示。

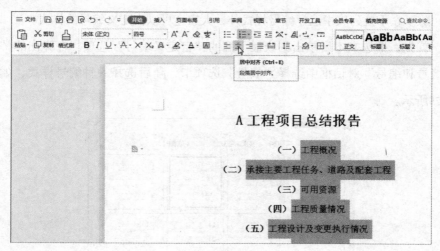

图1-26

　　（3）两端对齐。两端对齐是将段落的两端同时进行对齐，但对于字符不满一行的段落，会进行左侧对齐，可使用快捷键"Ctrl+J"进行设置。

（4）分散对齐。分散对齐是将段落的两端同时进行对齐，一行中的所有字数平均分布于整行，可使用快捷键"Ctrl+Shift+J"进行设置。

在以上五种文本对齐方式中，"两端对齐"的使用率最高。

1.2.4 设置文本的段落间距、行间距与字符间距

简单来说，文本的段落间距是文本中段落与段落之间的距离，行间距是文本中行与行之间的距离，而字符间距则是字符与字符之间的距离。接下来，我们将学习如何为文本设置以上三种间距，使文档看起来更加整洁美观。

选中文本，随后在"开始"选项卡中单击"段落"按钮，如图1-27所示。

图1-27

在弹出的"段落"对话框中默认的"缩进和间距"选项卡中，在"间距"区域下的"段前"和"段后"文本框中设置想要的数值，随后单击"确定"按钮即可，如图1-28所示。

还有另外一种设置段落间距的方法，就是选中文本后点击鼠标右键，在弹出的列表中选择"段落"选项，然后进行上述操作。

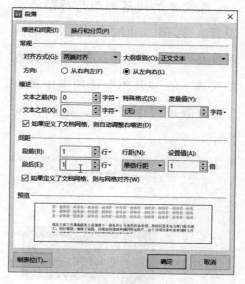

图1-28

接下来对行距进行设置。选中想要设置的文本，在"开始"选项卡中单击"行距"下拉按钮，在弹出的下来列表中选择"1.5"选项，如图1-29所示。

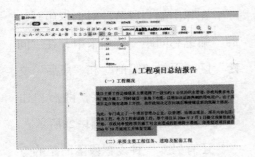

图1-29

通过以上步骤即可完成对文本段落间距和行距的设置。

除文本的段落间距与行距外，设置字符间距，也能够提高文本的清晰性和可读性。首先，选中想要设置的文本，在"开始"选项卡中单击"中文版式"下拉按钮，如图1-30所示。

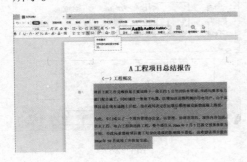

图1-30

在弹出的下拉列表中选择"字符缩放"选项，然后选择"其他"选项，如图1-31所示。

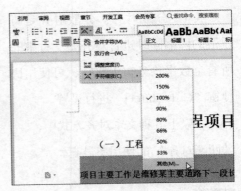

图1-31

在弹出的"字体"对话框中，选择"字符间距"选项卡，在"间距"项后选择"标准""加宽"或"紧缩"，然后设置右侧的数值，如图1-32所示，最后单击"确定"按钮即可。

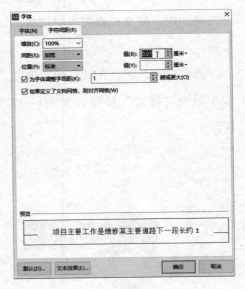

图1-32

1.2.5 设置文本缩进

设置文本缩进可以使文本的层级更加清晰明了。首先，选中文本，然后，在"开始"选项卡中的"段落"组中单击"增加缩进量"按钮，如图1-33所示，选中的段落以一个字符为单位向右缩进。

图1-33

大家可以根据需求，重复点击"增加缩进量"按钮，也可以点击"减少缩进量"按钮，以一个字符为单位向右、向左缩进。

除了文本缩进之外，我们还可以进行段落缩进。选中文本，在"开始"选项卡中单击"段落"按钮，或直接在选中文本上点击鼠标右键，选择"段落"，如图1-34所示。

图1-34

在弹出的"段落"对话框中，选择默认的"缩进和间距"选项卡，在"缩进"区域的"文本之前"文本框中输入数值0，在"特殊格式"选项下方选择"首行缩进"选项，在右侧的"度量值"文本框中输入数值"2"，单击"确定"按钮，如图1-35所示。通过以上步骤即可完成设置段落缩进的操作。

图1-35

选中需要调整缩进值的段落后，用鼠标左键拖动标尺至合适的位置，即可完成被选中段落的缩进值设置。

Chapter2 WPS 文字的进阶功能

WPS文字的进阶功能包括检查与替换文本、添加脚注与批注以及设置文档结构与目录等。希望通过本章的学习，大家能够掌握WPS文字的进阶操作，为之后学习更复杂的功能奠定良好基础。

2.1 检查与替换文本—— 制作"五一徒步活动方案"

本节将对查找与替换文本、拼写检查以及文档字数统计功能进行详细讲解，帮助大家在工作学习中更加便捷高效地使用WPS文字。

2.1.1 查找文本

在对字数或内容过多的文档进行编辑时，使用WPS文字"查找文本"功能即可快速找到指定文本，大大提升工作效率。

首先，我们打开目标文档，在"开始"选项卡中找到"查找替换"按钮，如图2-1所示。

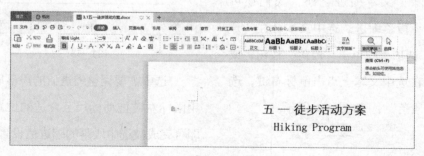

图2-1

单击其下拉按钮，在弹出的下拉列表中选择"查找"选项，或使用快捷键"Ctrl+F"。

在弹出的"查找和替换"对话框中，在"查找内容"文本框中输入"活动"，随后点击"查找下一处"，即可完成查找。

大家可以重复点击"查找上一处"或"查找下一处"按钮，来查找文本。

2.1.2 替换文本

除了查找文本，我们还可以使用"替换文本"功能来进行文本的替换。当我们从其他文件向文档复制和粘贴内容时，经常出现许多空格和空行，这时大家就可以使用"查找和替换"来批量替换和删除这些空格和空行。

首先，打开目标文档，复制文档内容中任意一个汉字符空格，随后在"开始"选项卡中找到"查找替换"按钮，单击下拉按钮，在弹出的下拉列表中选择"替换"选项，如图2-2所示，或使用快捷键"Ctrl+H"。

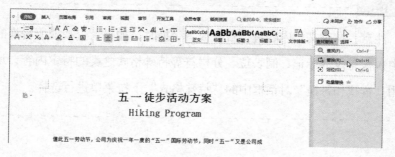

图2-2

在弹出的"查找和替换"对话框中，在"查找内容"文本框中粘贴刚才复制的任意汉字符空格，在"替换为"文本框中不输入任何字符，然后单击"全部替换"按钮，如图2-3所示。

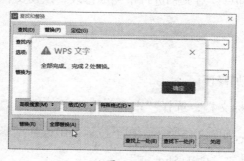

图2-3

此时，文档中的空格已经全部删除，接下来是文档中空行的替换。再次打开"查找和替换"对话框，在"查找内容"文本框中输入"^p^p"，在"替换为"文本框中输入"^p"，然后单击"全部替换"按钮，如图2-4所示。

图2-4

此时，空行的替换已经完成，在弹出的对话框中单击"确定"按钮即可。

Tips:

注意，在对文档内容进行查找或者替换时，如果所查找或所替换的内容中包含有段落标记、制表位、分栏符等特殊格式之类的特定内容，均可使用"查找和替换"对话框中的"特殊格式"下拉菜单进行选择。

2.1.3 修订文档

在工作中，通常文档编辑完成后，需要提交给领导或相关人员审阅，抑或是经过大家讨论后才能执行，这时我们便可以使用WPS文字的修订功能。可以多人协作，每个人都可以对文档进行审阅或修改，以便文档的原作者检查并加以补充和改进。

（1）给文档添加修订

首先，打开目标文档，选择"审阅"选项卡，找到"修订"选项。单击"修订"下拉按钮，如图2-5所示。在下拉列表中选择"修订"，进入修订状态。也可以使用快捷键"Ctrl+Shift+E"。

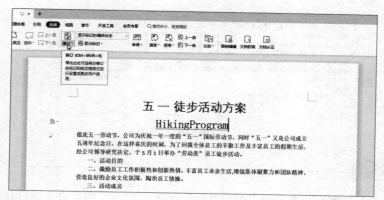

图2-5

我们选中大标题，随后在"开始"选项卡中对标题的字体及字号进行修改，修改后文档右侧就出现了修订标记，如图2-6所示。

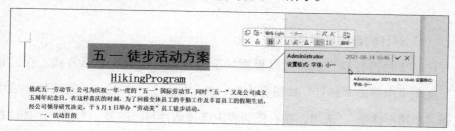

图2-6

随后将光标移至下文需要添加文本的地方，输入需要补充的文本内容，这时输入的文本内容变成红色并有下画线，如图2-7所示。

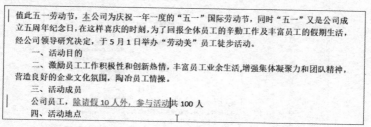

图2-7

再将光标移至文中需要删减文本的地方，选中要删减的文本并进行删除，此时，被删减的文本处已经有了修订标记，如图2-8所示。

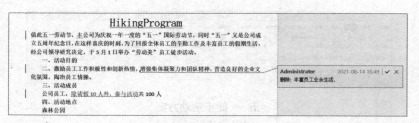

图2-8

点击"审阅"选项卡下的"修订"的下拉按钮，即可进入修订状态；再次点击"修订"的下拉按钮，退出修订状态。

（2）修订内容的显示与编辑

在对文档进行修订后，可以根据情况选择修订内容的显示方式。在"审阅"选项卡中单击"修订"按钮旁边的"显示标记"下拉按钮，在下拉列表中选择"使用批注框"选项，在右侧列表中选择适合自己的显示方式，比如"在批注框中显示修订内容"选项，如图2-9所示。

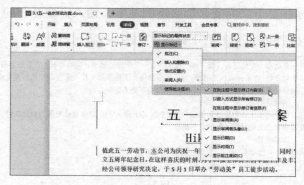

图2-9

使用者可根据需要选择"审阅窗格"的格式，在"审阅窗格"中详细地记录着所有人对文档的改动。在"审阅"选项卡中单击"审阅"下拉按钮，在下拉列表中选择"审阅窗格"，在右侧列表中选择"垂直审阅窗格"或"水平审阅窗格"选项，如图2-10所示。

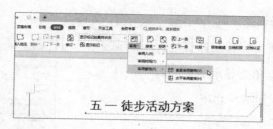

图2-10

当修订完成后，大家可以查看修订，单击"审阅"选项卡中的"上一条"和"下一条"按钮，即可逐条查看修订的内容，如图2-11所示。

图2-11

文档经修订后，如果你认同他人对文档的所有修改意见，即可接受修订。在"审阅"选项卡中，选择"接受"按钮下拉选项，在下拉列表中单击"接受对文档所做的所有修订"选项，如图2-12所示。

图2-12

当然，如果你不认同他人对文档的所有修改意见，即可拒绝修订，选择"审阅"选项卡中的"拒绝"下拉按钮，在下拉列表中单击"拒绝对文档所做的所有修订"选项即可。

你也可以根据每一条修订的具体情况选择接受或拒绝该修订。首先，选择想要设置的修订内容，随后在"审阅"选项卡中单击"接受"或"拒绝"按钮，即可对单条修订意见做出处理。

或者，直接将光标移至修订处，此时修订内容右上角会显示绿色的对号与红色的错号，如图2-13所示。

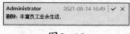

图2-13

直接点击对号或错号即可接受或拒绝此条修订意见。

2.1.4 文档保护

在修订文本的过程中，还有可能需要拒绝继续修订并需保留修订内容让其他人知晓，在这种情况下我们可以设置文档的编辑权限，让他人既无法编辑文档，也不能编辑文档中的修订内容。

（1）限制文档的修改权限

首先，单击"审阅"选项卡中的"限制编辑"按钮，如图2-14所示。

图2-14

在文档右侧弹出的窗口中勾选"设置文档的保护方式"，选择"只读"模式，随后单击"启动保护"按

钮，如图2-15所示。

图2-15

在弹出的"启动保护"对话框中设置密码后单击"确定"按钮，如图2-16所示。

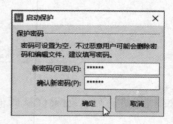

图2-16

启动保护后，他人就不能对文本进行任何修改了。如果想要停止保护，点击"停止保护"，在弹出的"取消保护文档"对话框中输入密码，即可取消对文档的保护，如图2-17所示。

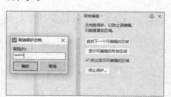

图2-17

（2）限制文档的浏览权限

为了保护重要文档的安全，除限制编辑外，我们还可以为文档设置密码。首先，单击菜单栏的"文件"下拉按钮，在下拉列表中选择"文档加密"选项，单击"密码加密"，如图2-18所示。

图2-18

在弹出的"密码加密"对话框中设置"打开权限"和"编辑权限"的密码，单击"应用"按钮，如图2-19所示。

图2-19

再次打开该文档时，会弹出"文档已加密"对话框，在对话框中输入密码后，可打开文档，如图2-20所示。如果还设置了"编辑权限"的密码，则会继续弹出"文档已加密"对话框，可以输入密码打开文件或者是不输入密码以只读的方式打开文件，最后单击"解锁编辑"按钮即可，如图2-20所示。

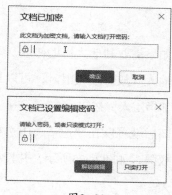

图2-20

（3）指定查看与编辑文档的对象

除设置密码外，大家还可以将文档设置为私密文档，只有指定对象可查看或编辑文档。首先，打开目标文档，选择"审阅"选项卡，单击"文档权限"按钮，如图2-21所示。

图2-21

在弹出的"文档权限"对话框中，开启"私密文档保护"选项，如图2-22所示。

图2-22

如果需要其他人协助修改，需要为其他人开放修改权限时，可以点击"添加指定人"按钮。

随后就可以在"邀请"中选择文档的权限，如图2-23所示，并授权给指定人。

图2-23

如需解密，则在"文档权限"中关闭"私密文档保护"选项，如图2-24所示。

图2-24

 2.2 添加脚注、尾注与批注——制作"消防安全责任书"

本节将对插入脚注与尾注、添加批注、编辑批注和隐藏/显示批注等进行详细的操作讲解。脚注、尾注与批注功能均为WPS文字的常用功能。之所以添加脚注、尾注与批注，是为了避免他人看不懂文档中的专业术语和特殊词汇，便于大家更好地理解内容。

2.2.1 插入脚注

脚注是将注释内容添加到页脚，对某词语起到解释说明的作用。打开目标文档，将光标放置于需要添加注释的文本后，单击"引用"选项卡中的"插入脚注"按钮，如图2-25所示。

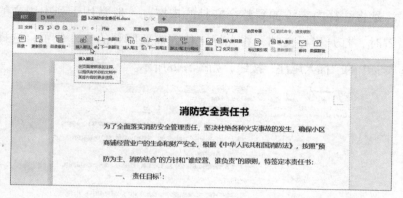

图2-25

此时，在文档页面底部出现了直线状的脚注分隔符，如图2-26所示，在脚注分隔符下方即可输入注释文本。

脚注编写完成后，文档中添加了脚注信息的位置显示了脚注编号，将鼠标光标移动到编号处，就会显示脚注信息，如图2-27所示。

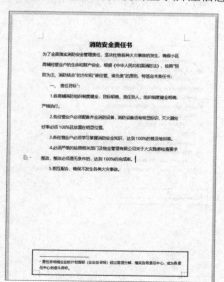

图2-26

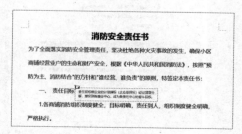

图2-27

025

在文档中插入脚注后，若想删除已添加的脚注，可以用光标选中文中标识，按"Delete"键或"Backspace"键即可。

2.2.2 插入尾注

尾注是将注释内容添加到整个文档的末尾，一般常用于列出引文的出处等。设置时，打开目标文档，将光标定位到需要解释的文本位置，选择"引用"选项卡中的"插入尾注"按钮，如图2-28所示。

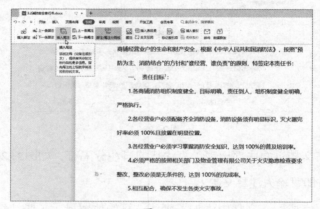

图2-28

此时，在整个文档的尾部出现尾注分隔符，在分隔符下方即可输入想要添加的注释内容，如图2-29所示。

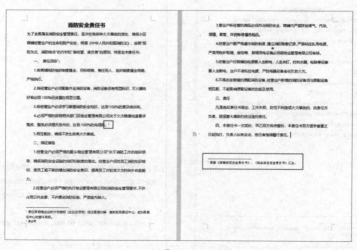

图2-29

文档中添加尾注的位置有尾注标识，将光标移至尾注标识上，即可查看尾注内容，如图2-30所示。

图2-30

在文档中插入尾注后，若想删除已添加的尾注，可以用光标选中尾注标识，按"Delete"键或"Backspace"键即可。

Tips：

如果文档中添加了很多脚注和尾注，查找得眼花缭乱怎么办呢？将光标放在分隔符下方的脚注或尾注序号上并双击，即可快速跳转到文档中的标注了该脚注或尾注序号的地方。

2.2.3 添加批注

批注是指文本的编写者或审阅者为文档内容添加的注释或批语。在审阅文档内容时，可以使用批注来对文档中的内容做出说明意见和建议，便于文档审阅者和编写者之间进行交流。下面就为大家详细介绍添加批注的具体操作。首先，打开目标文档，将光标放到文档中需要添加批注的地方，单击"审阅"选项卡下的"插入批注"按钮，如图2-31所示。

图2-31

这时，在文档右侧会出现批注窗口，在批注窗口中输入批注的内容，批注就添加完成了，如图2-32所示。

图2-32

除了在文本后添加批注外，还可以给文档中特定的内容添加批注。首先，选中要为其添加批注的文本，单击"审阅"选项卡下的"插入批注"按钮。

这时，在文档右侧会出现批注窗口，在批注窗口中输入批注的内容即可。

Tips：

细心的小伙伴会发现，"批注"与前文中的"修订"十分相似，那么它们究竟有何不同呢？简单来说，修订侧重于修改文本内容并留下修改痕迹，对文档的插入或删除进行跟踪，并能够看到修改内容与修改人、修改时间等详细信息；而批注则侧重于对文本内容的补充与说明，删除批注不会对文本内容造成影响。

  编辑与删除批注

批注是给文档内容添加的一种注释，不属于文档的内容，通常在多个用户对文档内容进行修订和审阅时添加说明时使用。在添加完批注以后，我们可以逐条查看添加的批注内容，以确保添加的批注内容准确无误。

（1）编辑批注

打开目标文档，单击"审阅"选项卡中的"上一条"或"下一条"按钮，来查看每条批注，如图2-33所示。

图2-33

当文档原作者看到别人在自己的文档中添加的批注时，可以对批注进行回复，回复的内容是针对批注问题或修改意见做出的答复。首先，打开目标文档，将光标放在要回复的批注上，单击批注对话框右上角的"编辑批注"按钮，如图2-34所示。

图2-34

然后选择下拉列表中的"答复"选项。此时，会在批注下方出现答复对话框，输入想要回复的内容即可完成对批注的回复，如图2-35所示。

图2-35

（2）删除批注

如果不认同某条批注，或是不想要某条批注，可以将其删除。打开目标文档，选中想要删除的批注，然后单击"审阅"选项卡中的"删除"按钮即可删除选中的批注。

此外，选中想要删除的批注，单击该批注右上角的"编辑批注"按钮，选择"删除"即可，如图2-36所示。

图2-36

选中某条批注后，单击"审阅"选项卡中"删除"的下拉按钮，单击"删除文档中的所有批注"即可删除当前文档中的所有批注。

如果对某条批注已经进行修改或

表示已经知晓，则在批注右上角"编辑批注"中单击"解决"按钮，表示当前批注已解决。

2.2.5 显示 / 隐藏批注

在WPS文字中一共提供了三种批注的显示方式，分别为在批注框中显示批注的内容、以嵌入方式显示所有批注以及在批注框中显示修订者信息，大家可以根据自己的习惯进行选择。

打开目标文档，单击"审阅"选项卡中的"显示标记"下拉选项，在下拉列表中选择"使用批注框"，然后选择其中一个选项，如"以嵌入方式显示所有修订"，如图2-37所示。

图2-37

选择完毕后，批注窗口自动关闭，批注会以嵌入式的方式展现。此时在查看批注时，把鼠标光标移动至

有批注标识的地方，会自动出现一个嵌入式的批注框，标有批注人、批注时间和批注内容，如图2-38所示。

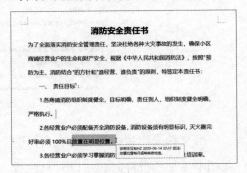

图2-38

在查看文档时，过多的批注会影响浏览，如果在对批注进行修改后并不想删除批注，那么最好的办法就是隐藏批注。这时，在"审阅"选项卡中选择"显示标记" 下拉按钮，在下拉选项中单击"批注"，如图2-39所示。

图2-39

随后文档内的所有批注就被隐藏了。如果想要显示批注，再次点击"显示标记" 中的"批注"按钮即可。

在"显示标记"按钮中，还有许多显示批注的方式，这些显示方式决定了批注以及修订是否展示以及以何种方式展示。比如，在"使用批注框"选项中，"在批注框中显示修订内容"是批注框内仅显示修订内容，而不显示批注内容；"在批注框中显示修订者信息"是批注框中仅显示批注者的信息，而不显示修订内容。

2.3 设置文档结构与目录——制作"工作室管理制度"

本节将对插入与编辑页眉、页脚，插入与编辑页码，以及插入与更新目录等操作进行讲解。页眉是每个页面的顶部区域，通常显示文档名、章节等信息；而页脚是每个页面的底部区域，通常显示文档的页码等信息；目录则可以集中概括整篇文档的大体结构。页眉、页脚与目录的插入可以使文档显得更加专业、正规。

2.3.1 插入页眉与页脚

打开目标文档，选择"插入"选项卡，单击"页眉页脚"按钮，如图2-40所示。

图2-40

此时，页眉页脚的编辑区已激活，工具栏处出现了新的"页眉页脚"选项卡，如图2-41所示。

图2-41

我们也可以直接双击页眉、页脚的位置，来快速激活页眉页脚的编辑区。

我们以设置页眉为例，激活编辑页面后，在"开始"选项卡中设置页眉文字的字体、字号以及对齐方式，然后输入页眉内容，如"晨曦印象工作室"，在输入完成后，选择"页眉和页脚"选项卡，单击"关闭"按钮，退出页眉编辑状态，即可完成设置。

页脚的编辑操作方式与页眉相同，双击页尾位置，进入页脚编辑状态，如图2-42所示。

图2-42

在"开始"选项卡下设置字体格式，输入页脚内容文本，最后单击"关闭"按钮，退出页脚编辑状态，页脚的输入就完成了。

2.3.2 编辑与删除页眉/页脚

（1）在页眉/页脚中插入图片

公司、工作室或机构在编写文档时，通常会在页眉处添加公司标识和公司名称。一般情况下，标识常以图片的形式插入页眉处，下面我们将学习具体操作。首先，打开目标文档，选择"插入"选项卡，单击"页眉与页脚"按钮进入页眉页脚编辑状态，随后在"插入"选项卡中单击"图片"下拉按钮，如图2-43所示。

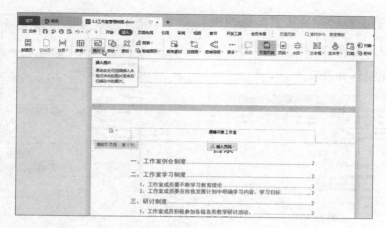

图2-43

选择"本地图片""扫描仪"或"手机传图"上传标识图片，如图2-44所示。

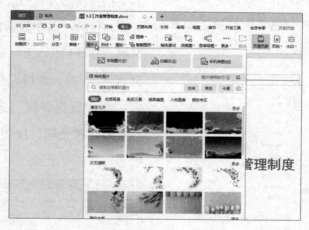

图2-44

上传图片后，我们可以直接拖动图片的八个控制点来调整图片的大小，图2-45中图片四周分布的八个白色圆点即为控制点，拖动图片四个角上的控制点可对图片进行等比例缩放。

图2-45

此外，在"图片工具"选项卡中也可以调整图片的"高度"和"宽度"，如图2-46所示。

图2-46

除了以"图片工具"选项卡中的选项进行调整外，大家也可以在图片上单击鼠标右键，在弹出的快捷菜单中选择"其他布局选项"选项，如图2-47所示。

图2-47

随后在弹出的"布局"对话框中的"大小"选项卡中设置图片的高度、宽度、缩放等参数，如图2-48所示。

图2-48

（2）设置封面的页眉/页脚

向文档中插入页眉、页脚时，作为文档封面的首页一般不需要页眉与页脚，这时就需要删除首页的页眉、页脚。打开目标文档，双击文档首页页眉处，进入页眉、页脚的编辑状态，在"页眉页脚"选项卡中单击"页眉页脚选项"按钮，如图2-49所示。

图2-49

在弹出的"页眉/页脚设置"对话框中，勾选"首页不同"选项框，随后单击"确定"按钮，如图2-50所示。

图2-50

此时可以看到，首页的页眉、页脚已经删除，随后单击"关闭"按钮，关闭页眉、页脚编辑状态，其余页的页眉、页脚还在。

（3）文档奇偶页的设置

除首页的页眉、页脚可以进行不同的设置外，文档的奇数页和偶数页的页眉、页脚也可以分别进行不同的设置，下面讲解具体操作方法。

打开目标文档，单击"插入"选项卡中的"页眉页脚"按钮，切换至"页眉页脚"选项卡，随后单击"页眉页脚选项"按钮，如图2-51所示。

图2-51

在弹出的"页眉/页脚设置"页面中，勾选"奇偶页不同"选项，如图2-52所示。

图2-52

随后勾选"显示页眉横线"选项卡下的"显示奇数页页眉横线"选项，然后单击"确定"按钮。设置完毕后，相邻页面页眉、页脚处会分别显示"奇数页"与"偶数页"，如图2-53所示。

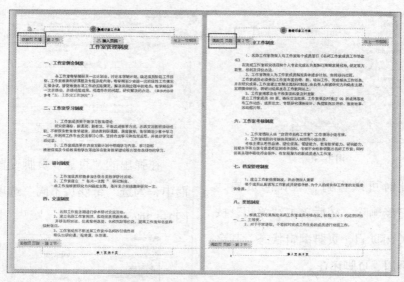

图2-53

此时单击奇数页页面的页眉位置，即可对奇数页页面的页眉进行编辑，此时偶数页的页眉并不发生改变。

随后将光标定位在偶数页页面的页眉位置，对其进行编辑，方法与奇数页页面页眉设置相同。

　　大家在使用WPS文字添加页眉时，如果不需要页眉横线可以将它删除。打开目标文档，双击页眉，进入"页眉页脚"选项卡，单击"页眉横线"下拉按钮，在下拉列表中选择"无线型"选项即可轻松删除页眉横线。

2.3.3 插入与编辑页码

（1）插入页码

为了使文档更加清晰明了，大家可以在文档的页脚处插入页码。打开目标文档，单击"插入"选项卡中的"页码"下拉按钮，在下拉列表中选择预设的不同的"页码"样式，如图2-54所示。

图2-54

还可以在弹出的"页码"对话框中，在"样式"和"位置"列表中根据需要设定页码的样式和位置，如图2-55所示。

图2-55

最后单击"确定"按钮，页码的插入就完成了。

（2）编辑页码

在某些情况下需要跳过首页、封面、目录等页面，从指定位置添加页码。我们来学习如何从文档的中间插入页码。

首先打开目标文件，将光标定位在想要插入页码的页面中，单击"插入"选项卡中的"页码"下拉选项，在下拉列表中选择"页码"选项。弹出"页码"对话框后，我们可以在"样式"和"位置"列表中根据需要选择样式和位置，随后在"页码编号"选项中选择"起始页码"，此时默认起始页码为"1"，如图2-56所示。大家可以根据需求对起始页码进行修改。

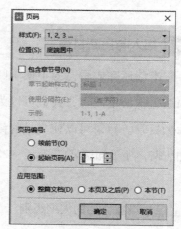

图2-56

随后，在"应用范围"选项中选择"本页及之后"选项，最后单击"确定"按钮，如图2-57所示。

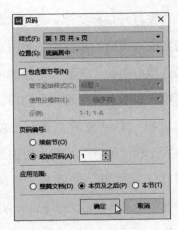

图2-57

此时，页码已经从指定页开始向后依次排列。

插入与更新目录

文本创建完成后，为了便于阅读者快速查找特定内容，我们可以为文档添加目录。目录可以使文档的结构更加清晰，便于阅读者阅览。

（1）设置文档的大纲级别

在制作好长文档后，要为文档设置大纲级别，这样便于查找和修改内容。大纲级别设置完成后，即可在文档中插入自动目录。

首先，打开目标文档，选中文档中的第一个标题，单击"开始"选项卡中的"段落"按钮，如图2-58所示。

图2-58

在弹出的"段落"对话框中，找到"常规"选项中的"大纲级别"，选择"1级"选项，单击"确定"按钮，如图2-59所示。

图2-59

对于多处需要更改大纲级别的文档，我们可以使用"Ctrl"键进行多选，随后在"段落"中进行设置。

完成对一级标题的设置后，用同样的方法在"段落"对话框中进行二级标题的设置。如果文档的内容过长，也可以进行三级、四级等更多层级的设置。

（2）插入目录

完成大纲的等级设置后，就可以提取目录了。将光标放在文档中需要生成目录之处，单击"引用"选项卡中的"目录"下拉按钮，在下拉列表中，选择自己想要的目录格式，此时在列表中会显示当前选择目录格式的预览，如图2-60所示。

图2-60

如果没有想要的目录格式，可单击列表下方"自定义目录"选项。在弹出的"目录"对话框中对目录进行详细的设置，如图2-61所示。

图2-61

设置完毕后，单击"确定"按钮

即可生成目录。

生成目录后，可以对目录进行检查、编辑等，建议大家在目录上方添加"目录"二字，这样能使目录页面更加整洁。

（3）更新目录

生成文档目录后，如果文档中的结构与内容有所改动，那么目录也应随之更新。这时，我们可以选择"引用"选项卡，找到"更新目录"按钮，如图2-62所示。

图2-62

点击该按钮后，弹出"更新目录"对话框，我们可以在对话框内选择"只更新页码"，即不更新目录标题只更新目录页码；或选择"更新整个目录"，即目录标题与目录页码同时更新，如图2-63所示。

图2-63

根据需要选择相应选项后，点击"确定"按钮，即可完成对目录的更新。

Chapter3 图文混排办公文档的制作

本章我们来了解WPS文字的图文混排办公文档的制作，包括图片的插入、编辑、绘制以及应用图形等。图片可以增加文档的表现力，绘制编辑SmartArt图形可以使文档的内容表达更加清晰。通过本章的学习，相信我们能够熟练掌握WPS文字中图形与图片的应用与编辑，制作出既美观又易理解的WPS文档。

3.1 图片的插入与编辑——制作图册

在制作文档时，适当地插入图片可以使文档更加直观和美观。本节将以制作图册为例，对插入图片、调整图片参数、调整图片版式、设置图片效果与样式以及压缩与更改图片等进行讲解。

3.1.1 插入图片并调整图片参数

打开目标文档，输入文本后，将光标定位到想要插入图片的地方，找到"插入"选项卡中的"图片"按钮，如图3-1所示。

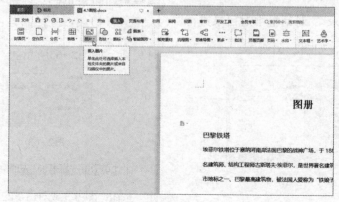

图3-1

单击"图片"下拉按钮，在下拉列表中根据自己的需要选择"本地图片""扫描仪"或"手机传图"，此处我们选择"本地图片"，如图3-2所示。

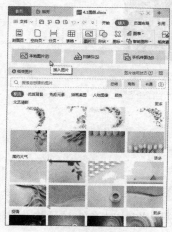

图3-2

在弹出的"插入图片"对话框中，选择想要插入的图片文件，单击"打开"按钮，如图3-3所示。

图3-3

此时，目标图片文件已经插入至文档，如图3-4所示。

图3-4

3.1.2 调整图片版式

（1）设置文字环绕方式

在文本中插入图片后，我们可以通过设置图片的文字环绕格式，对图片与文字的位置进行调整。

首先，打开目标文档并选中图片，在"图片工具"选项卡中找到"环绕"按钮，如图3-5所示，在下拉列表中选择合适的选项，此处我们选择"衬于文字下方"。

图3-5

此时，我们可以看到图片已经衬于文字下方，如图3-6所示。

图3-6

（2）设置图片对齐方式

在制作图册时，可能需要同时插入多张图片，这时，图片的排版与对齐方式就显得十分重要，下面就为大家详细介绍使图片对齐的具体操作步骤。打开目标文档，按住"Ctrl"键，选择想要对齐的图片，如图3-7所示。

图3-7

单击"图片工具"选项卡中的"对齐"下拉按钮，在下拉列表中选择合适的对齐方式，如"顶端对齐"，如图3-8所示。

图3-8

此时，两张图片将实现顶端对齐。

 Tips:

按住"Ctrl"键不能进行图片多选？这是因为WPS在插入图片时默认的文字环绕方式是"嵌入型"，这时我们可以对文字环绕方式进行更改。在本例中，我们使用"浮于文字上方"的文字环绕方式，随后按住"Ctrl"键就可以进行图片多选了。

大家还可以直接在浮于图片上方的对齐工具条设置图片的对齐方式，如图3-9所示。

图3-9

3.1.3 裁剪图片

在编辑比较复杂的图片时，我们还可以对图片进行剪裁，只保留需要的部分。打开目标文档并选中图片，单击"图片工具"选项卡中的"裁剪"按钮，如图3-10所示。

图3-10

此时，将鼠标光标移至黑色竖线上，待光标变成双向箭头时，按住鼠标左键拖动，如图3-11所示。

图3-11

此时，黑色竖线所框选的内容为

裁剪后的图片预览，黑色竖线外的内容则是被裁掉的部分。随后，再次单击"图片工具"选项卡中的"裁剪"按钮或按"Esc"键即可完成裁剪，如图3-12所示。

图3-12

除了常规的裁剪外，剪裁的形状也有多种变化，选中图片后，单击"图片工具"选项卡中的"裁剪"下拉按钮，在下拉列表中选择合适的裁剪形状。在本例中我们选择"七角星"形状，如图3-13所示。

图3-13

选择裁剪形状后，图片上就会出现所选形状的裁剪预览，如不符合预期效果，可再次点击"裁剪"下拉按钮选择其他裁剪形状。这里我们单击"图片工具"选项卡中的"裁剪"按钮或按"Esc"键，完成裁剪，效果如图3-14所示。

图3-14

3.1.4 设置图片轮廓与效果

（1）为图片添加轮廓

为图片设置轮廓与效果能够使图片看起来更加美观。接下来，我们为大家讲解如何为图片设置轮廓。

打开目标文件并选中图片，单击"图片工具"选项卡中的"边框"下拉选项。

在插入图片后的初始设置中，图片边框都为"无边框颜色"。我们可以先为边框选择一种颜色，本例中我们选择"紫色"，如图3-15所示。

图3-15

虽然添加了紫色的图片边框，但并不明显。这时，再次选中图片，在"图片工具"选项卡中的"边框"下拉列表中选择"线型"，随后我们选择"4.5磅"，如图3-16所示。

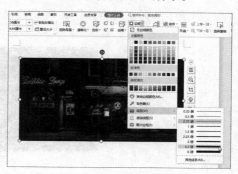

图3-16

可以看到图片边框被加宽了，如图3-17所示。

图3-17

我们还可以通过"边框"下拉列表中的"虚线线型"来对图片轮廓线型进行修改，如图3-18所示。

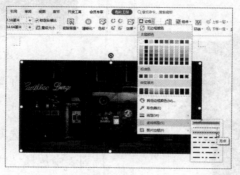

图3-18

本例中选择了"方点"，应用效果如图 3-19所示。

图3-19

 Tips：

如果想要一键添加图片边框，可以在选中图片后，依次单击"图片工具"选项卡"边框—图片边框"按钮，在展开的列表中即可对图片边框进行一键添加。

（2）为图片添加效果

接下来，我们尝试为图片添加效果。在文档中插入并选择图片后，点击"图片工具"选项卡中的"效果"下拉按钮。

在下拉列表中，可以看到有多种图片效果，这里我们选择"倒影"，并在弹出的列表中选择其中一种样式，如图3-20所示。

图3-20

文档中的图片即刻呈现倒影效果，如图3-21所示。

图3-21

如果"效果"下拉列表中的效果均不符合文档需求，那么在选中图片后，可以选择"图片工具"选项卡中"效果"下拉列表中的"更多设置"，如图3-22所示。

图3-22

在右侧弹出的"属性"窗口中，可以对图片效果进行更加详细的设置，如图3-23所示。

图3-23

3.1.5 美化图片

在制作图文混排文档时，我们可以通过改变图片的颜色、亮度与对比度来美化图片。

首先我们尝试更改文档中图片的颜色。打开目标文档并选中图片，单击"图片工具"选项卡中的"色彩"的下拉按钮，在下拉列表中选择"黑白"选项，如图3-24所示。

此时，图片的颜色显示为黑白色。

图3-24

除了更改图片颜色外，我们也可以通过改变图片的亮度与对比度使图片更加美观。选中图片后，在"图片工具"选项卡中找到"增加对比度"按钮，如图3-25所示。

图3-25

单击该按钮即可增加当前选中图片的对比度，使画面的明暗对比更加明显。可以重复点击，直至达

到想要的效果。相反，"降低对比度"可以使画面的明暗对比更弱，如图3-26所示。

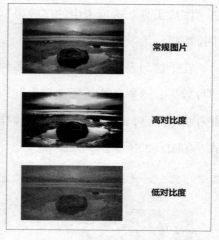

常规图片

高对比度

低对比度

图3-26

选择图片后，在"图片工具"选项卡中单击"增加亮度"按钮，图片看起来会更加明亮，如图3-27所示。

图3-27

相反，"降低亮度"则会使图片看起来更暗，如图3-28最下方的图片所示。可以重复点击，直至达到想要的效果。

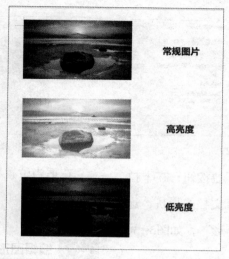

常规图片

高亮度

低亮度

图3-28

3.2 绘制与应用图形——制作"企业组成结构图"

WPS文字的图文混排除了插入图片外，还可以绘制与应用图形。大家不仅可以在WPS文字绘制出各种各样的线条和图形，还可以对绘制的图形进行编辑。本节将以"企业组成结构图"为例，对在WPS文字中绘制图形、编辑图形、绘制SmartArt图形以及编辑与调整SmartArt图形等方面进行讲解。

3.2.1 在文档中绘制图形

我们可以在WPS文字中绘制各种各样的图形来满足某些文档的需要，在制作文档时，适当插入图形可以使文档内容更加丰富、形象。打开目标文档，在"插入"选项卡中找到"形状"按钮，如图3-29所示。

图3-29

单击"形状"下拉按钮，在下拉列表中选择一个适合文档的形状，这里我们选择"圆角矩形"，如图3-30所示。

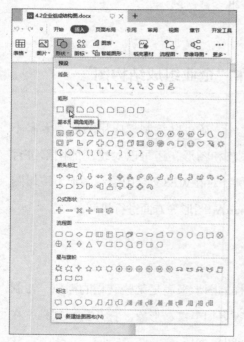

图3-30

选择形状后，光标会变成十字形，在文档中适当位置按住鼠标左键拖动光标进行绘制，如图3-31所示。

图3-31

在适当位置释放鼠标，则成功绘制出圆角矩形。

3.2.2 编辑图形

在插入形状后，如果我们对所绘制的形状不满意，可以对其进行编辑。

首先，打开目标文档，选中形状，单击"绘图工具"选项卡中的"编辑形状"下拉按钮，如图3-32所示。

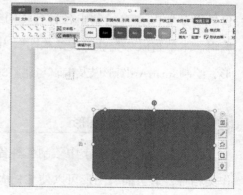

图3-32

在下拉列表中选择"更改形状"按钮，在右侧对话框中选择一个合适的图形，如图3-33所示，即可更改形状。

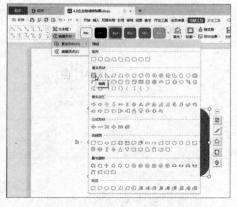

图3-33

除了更改形状外，我们还可以对所绘制的形状内部进行填充，对形状轮廓进行设置。对形状内部填充是指利用颜色、图片、渐变和纹理来填充形状内部；对形状轮廓进行设置是指设置形状的边框颜色、线条样式和线条粗细等。

我们首先选中形状，单击"绘图工具"选项卡中的"填充"下拉按钮，如图3-34所示。

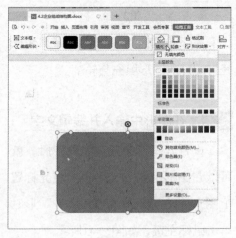

图3-34

我们可以根据情况选择图形的填充颜色，也可以填充图片或系统自带的纹理，还可以将填充设置为图案。

如果颜色、图片或纹理和图案不能满足文档的制作需求，那么我们可以选择"填充"下拉列表中的"更多设置"。

在右侧弹出的"属性"窗口的"填充"栏中，有"渐变填充"选项。我们也可以对颜色、图片或纹理以及图案的透明度等参数进行设置，如图3-35所示。

在调整参数的过程中，文档中所绘制的形状会根据数值的变化而变化，大家可以对照文档中形状的变化进行数值的设置，如图3-36所示。

图3-35   图3-36

收起"填充"区域，此时，形

状的填充已设置完成。单击"线条"选项，在展开的列表中，大家可以在"线条样式"中选择图形轮廓的样式，如图3-37所示。

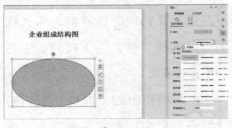

图3-37

随后，如图3-38所示，可以通过"颜色""透明度""宽度""复合类型"等选项对图形进行其他设置。

图3-38

在"绘图工具"选项卡中的"轮廓"下拉列表中也可以实现对图形轮廓进行设置，如图3-39所示。

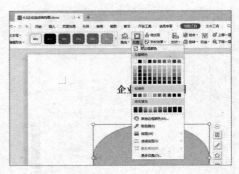

图3-39

如果想要快速设置图形的填充与轮廓，可以在"绘图工具"选项卡中点击"图形填充与轮廓"下拉按钮，如图3-40所示。

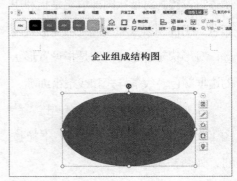

图3-40

在下拉列表中，即可选择系统已经搭配好的图形填充与轮廓。

3.2.3 在图形中输入并编辑文字

设置好图形的颜色和轮廓后，就可以在图形中输入文字了。将光标置于图形上方，当光标变为"|"形时单击鼠标左键，如图3-41所示。

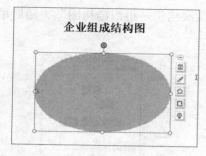

图3-41

随后即可在图形中输入文字，如图3-42所示。

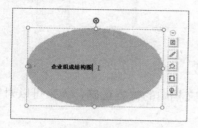

图3-42

我们可以通过"文本工具"选项卡中的"文本样式"，对图形中文字的样式进行设置，如图3-43所示。

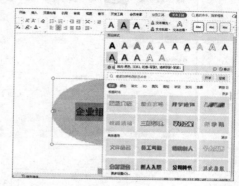

图3-43

Tips:

这里的字体、字重与字号、文字颜色、对齐方式等参数的设置与前文中所讲解的基本一致，大家可以根据第二章所学内容对文字的相关参数进行设置。

3.2.4 绘制 SmartArt 图形

SmartArt图形是用于体现组织结构、关系和流程的图表，在办公中有着广泛的应用。本小节将为大家详细介绍绘制SmartArt图形的具体操作方法。

首先，打开目标文件，单击"插入"选项卡中的"智能图形"按钮，如图3-44所示。

图3-44

在弹出的"智能图形"窗口中选择"层次结构—组织结构图",随后单击。如图3-45所示。

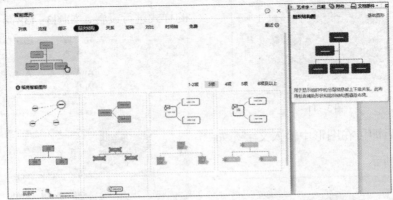

图3-45

完成模板选择后,图形在文档中创建完成。

为了保证制作的"企业组成结构图"在文档中的位置正确,大家可以对智能图形的对齐方式进行设置。

首先选中图形,随后单击"设计"选项卡中的"环绕"下拉按钮。此处与前文中插入图片时所提到的"文字环绕"设置方式相同,在WPS文字中,图形的环绕模式为"嵌入型",此时由于图形嵌入到文档中,无法对图形进行对齐设置。点开"环绕"下拉按钮,在列表中选择"四周型环绕",如图3-46所示。

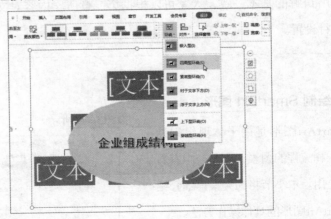

图3-46

随后在"设计"选项卡中单击"对齐"下拉按钮。在弹出的下拉列表中,相继选择"水平居中"和"垂直居中",如图3-47所示,使图形在WPS文档中的位置更加合适,随后就可以调整图形内部结构与添加文本了。

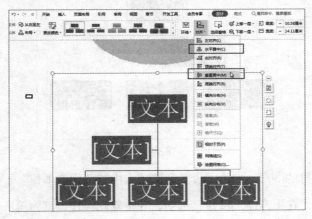

图3-47

Tips:

WPS 2019与WPS 2016不同,WPS 2016的默认情况下,选项卡中没有SmartArt功能,需要自己设置添加,而WPS 2019则将SmartArt功能加入到了选项卡中,我们直接在"插入"选项卡中就能应用了。

3.2.5 编辑与调整 SmartArt 图形

有时,智能图形模板并不能完全符合文档的实际需求,那么就需要对图形进行调整。在调整图形结构时,可能需要在特定位置添加图形或删减图形等。

(1)添加与删减图形

打开目标文档,选中第二排需要删减的图形,如图3-48所示,按键盘上的"Delete"键或"Backspace"键将其删除。

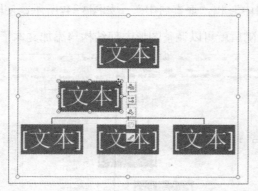

图3-48

选中第一排的图形，单击"设计"选项卡中的"添加项目"下拉按钮，在下拉列表中选择"在下方添加项目"选项，并重复此操作，直到第二排的图形数量与草图相同，在本例中，我们将第二排的图形添加至5个，效果如图3-49所示。

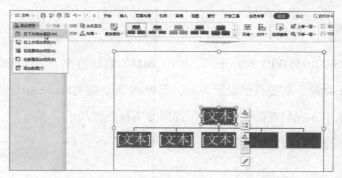

图3-49

接着，我们进行第三排的图形添加。选择第二排的第一个图形，重复"设计"—"添加项目"—"在下方添加项目"操作，完成第三排的图形添加。此时，"企业组成结构图"的框架已经完成，如图3-50所示。

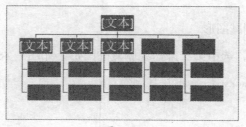

图3-50

建议大家先绘制草图再画结构图。因为WPS文字为大家提供了多种模板图形供选择，在制作图形时，要根据自己文档的实际情况进行选择，以减少后期对结构图的编辑次数，这样更加高效。

（2）调整图形顺序

我们可以根据阅读习惯来设置图形内文本的阅读顺序，调整图形内文本的位置，如图3-51所示。

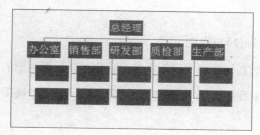

图3-51

在图形中添加文本后，选中整个SmartArt图形，单击"设计"选项卡中的"从右至左"按钮，如图3-52所示。

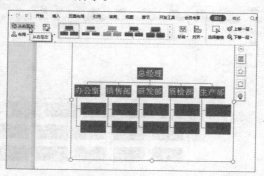

图3-52

如果想让图形中的"销售部"与"研发部"调换位置，那么我们首先选中"销售部"图形。

随后，在"设计"选项卡中单击"后移"按钮，即可完成对图形位置的调整，如图3-53所示。

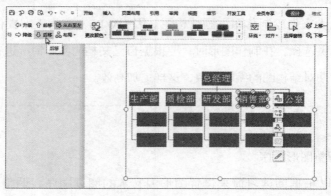

图3-53

（3）调整图形布局与级别

如果对图形模板初始布局感到不满意，我们可以设置图形的布局。选中要更改布局的图形，本例中我们选择"办公室"，随后在"设计"选项卡中单击"布局"下拉选项。

在下拉选项中，根据选项前端的预览图，可以得知每一种布局的大概样式。在这里我们选择"标准"，如图3-54所示。

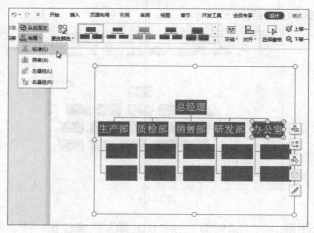

图3-54

选择后我们就能看到图形布局做出了相应改变，本例中，在"布局"中经过一番选择，最后布局如图3-55所示。

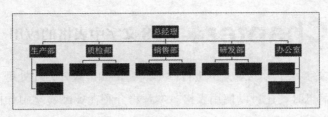

图3-55

在制作图形时，不仅可以增减图形、调整图形布局，还可以调整图形的级别。单击"设计"选项卡中的"升级"或"降级"按钮，就可以调整某一图形的级别，如图3-56所示。

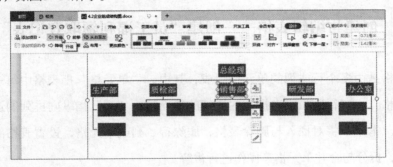

图3-56

图3-57为升级"销售部"后的效果。

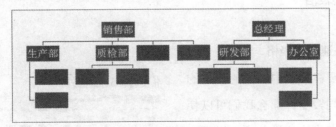

图3-57

Chapter4 <u>WPS 文字中表格的应用</u>

WPS文字除了可以对文本进行简单的编辑和排版外，在处理一些繁杂的数据信息时，还可以使用表格。本章将介绍在WPS文字中如何运用表格，其中包括创建与编辑表格、表格中文字与公式的编辑，包括一些运用和美化表格等方面的知识与技巧。

4.1 创建与编辑表格——创建"员工福利领取登记表"

表格是由多个行或列的单元格组成，其中，"单元格"指表格中每一个单独的"格"，"行"指横向排列的连续的单元格，"列"指纵向排列的连续的单元格。本小节将对插入与删除表格，删除行、列或单元格，设置表格的行高与列宽，拆分与合并单元格等操作进行讲解。

4.1.1 插入表格

（1）快速创建表格

如果需要在文档中插入的表格的行数或列数均较少，那么我们可以使用示意表格完成快速插入表格操作。打开目标文档并输入标题"员工福利领取登记表"后，单击"插入"选项卡中的"表格"下拉按钮，在弹出的下拉列表中，用鼠标在示意表格上滑动，便可显示表格预览，图4-1中我们选择 3 行 6 列。

图4-1

随后，在第三行第六列表格处单击鼠标左键，此时利用示意表格插入表格就完成了，如图4-2所示。

图4-2

当需要插入的表格的行数或列数较多时，我们可以单击"插入"选项卡中的"表格"下拉按钮，在下拉列表中选择"插入表格"选项，如图4-3所示。

图4-3

随后弹出"插入表格"对话框，此时我们在"表格尺寸"选项中输入"列数"和"行数"的数值，这里我们输入的列数为6、行数为14，如图4-4所示。

图4-4

输入完成后单击"确定"按钮，此时，表格已经插入WPS文档中，如图4-5所示。

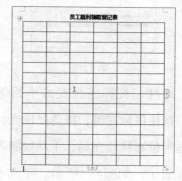

图4-5

Tips：

　　在"插入表格"对话框中进行操作时需要注意，如果选择"固定列宽"，则创建的表格的列宽是固定的，若选择"自动列宽"，则创建的表格的列宽会随着单元格中内容的多少而变化。

（2）手动绘制表格

除了快速创建表格外，WPS文字还可以手动绘制表格，这种方式适用于结构不固定的表格。单击"插入"选项卡中的"表格"下拉按钮，在弹出的下拉列表中单击"绘制表格"选项，如图4-6所示。

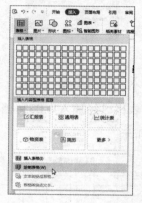

图4-6

此时，光标已经变成小铅笔样式。按住鼠标左键，拖动鼠标光标，在适当位置释放光标，手动绘制表格就完成了，如图4-7所示。完成手动绘制表格后，我们仍然可以在该界面中对表格进行修改。

图4-7

完成对表格的修改后，只需再次点击"绘制表格"按钮，或按"Esc"键退出手动绘制表格状态。

4.1.2 编辑行、列或单元格

（1）删除与添加行、列或单元格

如果想要删除表格中的某一部分，可以先选中该部分，随后单击"表格工具"选项卡中的"删除"下拉按钮，在弹出的下拉列表中根据需要进行选择。其中，"单元格"选项是删除选中的单元格，"列"选项是仅删除选中的某列表格，"行"选项是仅删除选中的某行表格，"表格"选项是删除整个表格，如图4-8所示。

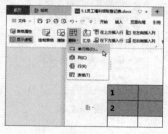

图4-8

这里我们以删除"行"为例，选中要删除的行后依次点击"表格工具"—"删除"—"行"，即可完成对选中行的删除。

除了对表格进行删除外，也可

以对表格进行添加，这里我们选中第二行单元格，单击"表格工具"选项卡中的"在上方插入行"按钮，如图4-9所示。

图4-9

添加新行后的效果如图4-10所示。

图4-10

随后，选中表格最左边的一列，单击"表格工具"选项卡中的"在右侧插入列"按钮，如图4-11所示。

图4-11

添加新列的效果如图4-12所示。

图4-12

（2）擦除表格的多余边线

在绘制表格的过程中，如果绘制的线条有误，或想要改变某条线，也可以将相应的线条擦除。

首先选择表格，单击"表格工具"选项卡中的"擦除"按钮，如图4-13所示。

图4-13

此时，光标已经变成橡皮擦样式，单击需要擦除的表格边线，即可快速擦除该边线，如图4-14所示。

图4-14

最后再次点击"擦除"按钮，或按"Esc"键退出擦除状态。

4.1.3 设置表格的行高与列宽

在添加表格后，大家可以根据文档需求对表格的行高和列宽进行设置，方法有输入指定数值和拖动表格线两种，以及更为便捷的方法。下面将分别介绍。

（1）输入指定数值

首先，打开目标文档，拖动鼠标光标选中表格。

选中表格后，单击"表格工具"选项卡中的"表格属性"按钮，如图4-15所示。

图4-15

在弹出的"表格属性"对话框中，选择"行"选项卡，在"尺寸"选项下勾选"指定高度"选项，将数值设置为"0.06 厘米"，如图 4-16 所示。

随后，切换至"列"选项卡，勾选"指定宽度"选项，将数值设置为"2 厘米"，如图4-17所示，随后单击"确定"按钮即可。

图4-16　　　　图4-17

此时，表格的行高与列宽已经设置完成。

（2）拖动单元格边框线

将光标移至表格边框线上，待鼠标光标变成双向箭头时，按住鼠标左键，拖动边框线，即可调整行高或列宽，如图4-18所示。

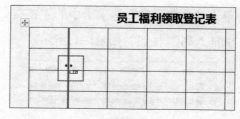

图4-18

还有一种较为便捷的方法：在选定全部或部分表格后，在"表格工具"选项卡中的"高度"和"宽度"选项中即可设置单元格的高与宽，如图4-19所示。

图4-19

也可以单独选中某一单元格，将光标放在需要调整宽度的单元格左侧，如图4-20所示，当光标变成一个黑色斜向箭头时，单击左键，即可选中单元格。单击表格左上角十字箭头图标即可全选表格。

图4-20

随后拖动边框线，调整当前选中单元格的宽度与高度，如图4-21所示。

图4-21

手动绘制的表格往往存在表格间距不平均的问题，要想让表格间距平均，可以在选中表格后，单击"表格工具"选项卡中的"自动调整"下拉按钮，在下拉菜单中根据需要选择选项即可，如图4-22所示。

图4-22

4.1.4 拆分与合并单元格

在编辑表格的过程中，我们可以根据填写的内容对单元格的数量进行调整。比如，将多个单元格合并为一个单元格，或将一个单元格拆分为多个单元格。此时大家就可以使用拆分与合并功能。

（1）拆分单元格

首先，打开目标文档，选中想要拆分的单元格，单击"表格工具"选项卡中的"拆分单元格"按钮，如图4-23所示。

图4-23

在弹出的"拆分单元格"对话框中，对"列数"和"行数"后的数值进行修改，这里我们将"列数"的数值设置为"2"，如图4-24所示。

图4-24

单击"确定"按钮，拆分后的单元格如图4-25所示。

图4-25

（2）合并单元格

选中需要合并的单元格，单击

"表格工具"选项卡中的"合并单元格"按钮，如图4-26所示。

图4-26

合并后的单元格如图4-27所示。

图4-27

> **Tips：**
>
> 单元格的拆分与合并也可以通过鼠标右键进行快速设置。拆分单元格：选中目标单元格后单击鼠标右键，在快捷菜单中选择"拆分单元格"命令。合并单元格：同时选中想要合并的多个单元格，单击鼠标右键，在快捷菜单中选择"合并单元格"命令。

4.2 表格中文字与公式的编辑——制作"员工福利领取登记表"

根据前文操作完成表格的基本框架后，就可以输入相关数据以及编号了，我们可以借助公式对表格中的数据进行运算。本小节将对快速插入编号、快速插入日期、对表中数据进行排序、数据求和公式以及平均值公式等进行讲解。

4.2.1 输入与编辑表格中的文字

（1）调整表格中的文字格式

将光标置于需要输入文本的单元格中，单击左键，随后输入文字即可，如图4-28所示。

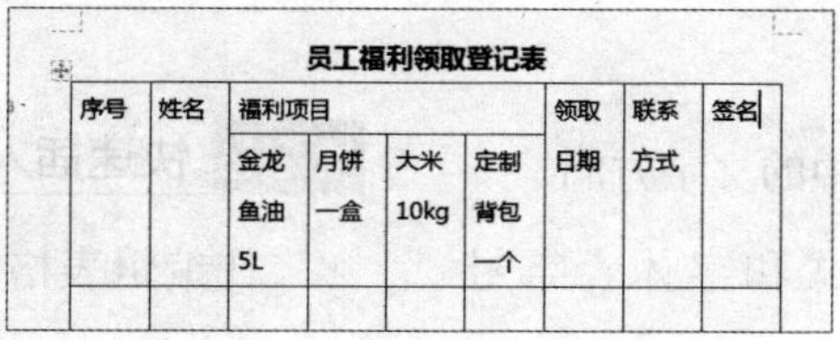
员工福利领取登记表
序号
姓名
福利项目
金龙鱼油5L
月饼一盒
大米10kg
定制背包一个
领取日期
联系方式
签名

图4-28

输入文字后，我们需要对文本内容格式进行调整，以保持表格的美观度。首先，选中表格中的文本内容，单击“表格工具”选项卡中的“对齐方式”下拉按钮。

在下拉菜单中选择“水平居中”选项，如图4-29所示。

员工福利领取登记表
序号
姓名
福利项目
金龙鱼油5L
月饼一盒
大米10kg
定制背包一个
领取日期
联系方式
签名

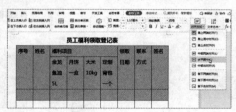

图4-29

完成对齐方式的设置后，在“开始”选项卡下对字体、字号等参数根据文档的需要进行设置，效果如图4-30所示。

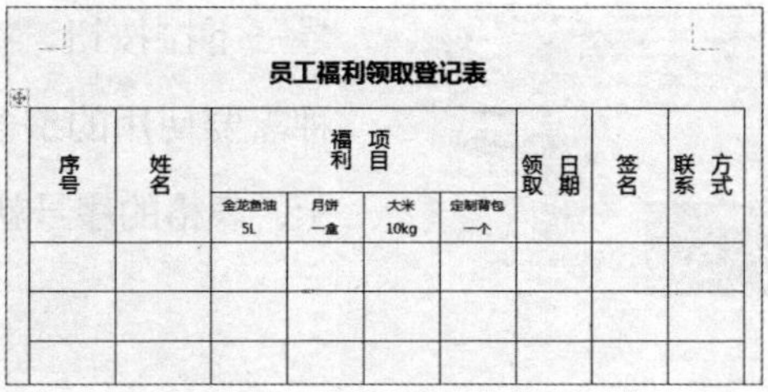
员工福利领取登记表
序号
姓名
福利项目
金龙鱼油5L
月饼一盒
大米10kg
定制背包一个
领取日期
签名
联系方式

图4-30

（2）设置表格中的文字方向

除设置对齐方式和字体、字号外，还可以对文字的显示方向进行设置。选中目标文字，单击"表格工具"选项卡中的"文字方向"下拉按钮，这里默认的文字方向为"水平方向"，如图 4-31所示。

图4-31

在下拉列表中选择"垂直方向从左往右"选项，效果如图4-32所示。

图4-32

4.2.2 快速插入编号

在编辑表格的过程中，有时需要按顺序输入序号或编号，比如在第一列标注连续的序号时，就可以通过插入编号的方法自动填入。打开目标文档，选中将用来标注"序号"的一列单元格区域，如图4-33所示。

图4-33

单击"开始"选项卡中的"编号"下拉按钮，在下拉列表中选择一种需要使用的编号样式，如图4-34所示，表格的序号就添加完成了。

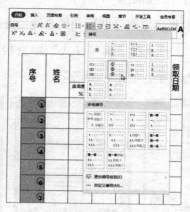

图4-34

利用"编号"只能有顺序地添加数字,如"1234567",类似"58921"这样无规律的数字是无法添加的。

除了可以添加数字序号外,也可以添加如月份一类的文字信息。首先,选中"领取日期"一列单元格,单击"开始"选项卡中的"编号"下拉按钮,在下拉列表中选择"自定义编号"选项,如图4-35所示。

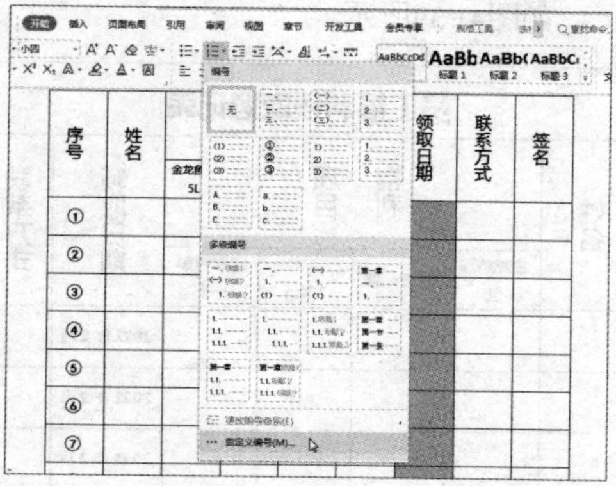

图4-35

在弹出的"项目符号和编号"对话框中,选择一种编号样式,随后单击"自定义"按钮,如图4-36所示。

在打开的"自定义编号列表"中,在"编号格式"中删除".",保留

"①"，随后输入"月份"，如图4-37所示。

在这个例子里，我们将"领取日期"一列的编号设置为"2021 年 2 月"，由于不需要编号的顺序，因此在"编号样式"中直接默认选择"（无）"即可，随后根据预览中查看效果，如图4-38所示。

图4-36　　　　　　　　图4-37　　　　　　　　图4-38

这里需要注意的是，"编号格式"中自带的①代表"顺序 1"，如果删除该符号，编号则没有数字序号顺序。

设置完毕后单击"确定"按钮，可以看到"领取日期"一列中的内容都变为"2021 年 2 月"了，如图4-39所示。

员工福利领取登记表

序号	姓名	福利项目				领取日期	联系方式	签名
		金龙鱼油 5L	月饼一盒	大米 10kg	定制背包一个			
①						2021 年 2 月		
②						2021 年 2 月		
③						2021 年 2 月		
④						2021 年 2 月		
⑤						2021 年 2 月		
⑥						2021 年 2 月		

图4-39

4.2.3 快速插入日期

在编辑文档时,有的表格需要填写日期,这时可以通过插入日期的方式来添加当前日期。首先,将光标定位至需要添加日期的单元格中,单击"插入"选项卡中的"日期"按钮,如图4-40所示。

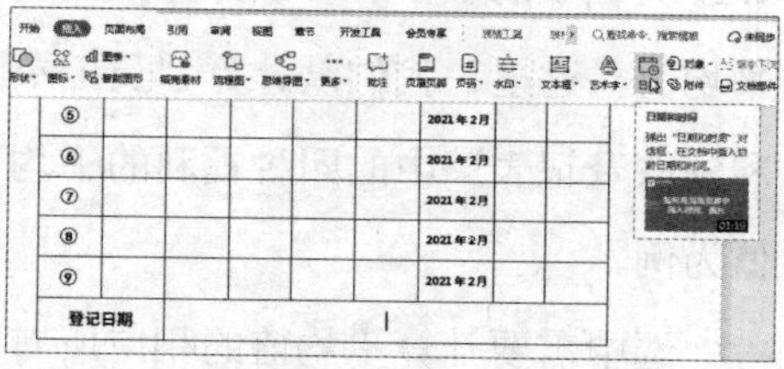

图4-40

随即弹出"日期和时间"对话框,在"可用格式"中选择一种合适的格式,如图4-41所示,随后单击"确定"按钮。

图4-41

此时,如图4-42所示,日期就快速添加至表格中了。

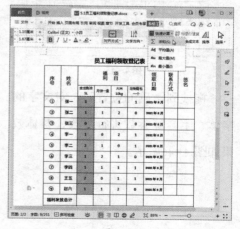

图4-42

4.2.4 对数据进行快速求和

在统计表格时,有时需要计算总分或者总计,这时可以使用"快速计算"中的"求和"。首先,在目标文档的表格中输入相关数据。选中总计的相应单元格,随后点击"表格工具"选项卡中的"快速计算"下拉按钮,在展开的下拉列表中选择"求和",如图4-43所示。

图4-43

选择该选项后,当前表格中

的"福利发放统计"一行中新增了"10"的数字，如图4-44所示。

序号	姓名	福利项目				领取日期	联系方式	签名
		金龙鱼油5L	月饼一盒	大米10kg	定制福包一个			
①	张一	1	1	1	1	2021年8月		
②	张二	1	1	2	0	2021年8月		
③	张三	0	2	2	0	2021年8月		
④	李一	1	0	2	1	2021年8月		
⑤	李二	2	1	0	1	2021年8月		
⑥	李三	1	2	1	0	2021年8月		
⑦	李四	1	1	1	1	2021年8月		
⑧	王五	2	0	1	1	2021年8月		
⑨	赵六	1	1	2	0	2021年8月		
福利发放总计		10						
登记日期		2021 年 8 月 25 日星期三						

图4-44

这里的数字位置有些不妥，不过我们可以先不对其做修改，将案例中剩余的三个项目逐一进行求和后再进行整体的完善——选中数字，然后用鼠标将其拖拽到合适位置即可，如图4-45所示。

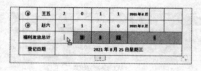

图4-45

拖拽到正确的位置后，对文字的字体、字号等参数进行更改，整体效果如图4-46所示。

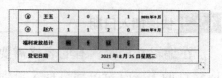

图4-46

4.2.5 快速计算平均值

除了可以计算数值的总和外，WPS文档中的表格还可以计算数值的平均值。这里，我们以计算"员工福利领取登记表"中的四种福利的平均值为例。

选中需要计算平均值的相应所有单元格。单击"表格工具"选项框中的"快速计算"下拉按钮，在弹出的下拉列表中选择"平均值"选项，如图 4-47所示，此时，平均值已经计算出来了。

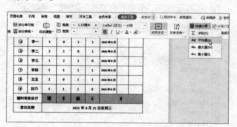

图4-47

Chapter5 WPS 表格基础操作快速入门

在日常工作中，我们经常会用到WPS表格文档，甚至在WPS文字与WPS演示中也都有独立的表格应用，对我们的工作来说，表格的重要性不言而喻。本章我们将了解WPS表格的基本操作，如新建与删除工作表、调整工作表的尺寸与比例、在工作表中录入与填充数据、设置表格的格式等。希望大家通过本章的学习，能够为之后学习更复杂的 WPS表格操作奠定基础。

5.1 表格的创建与编辑——制作"职级考核成绩评定表"

制作一个最基本的工作表前，需要了解工作簿与工作表的区别，同时也要了解如何创建一个新的工作表，以及如何在工作表中输入各种各样的数据。在录入数据时， 也有很多可以帮助大家提高工作效率的技巧。本节将对创建与编辑表格、输入各式数据等内容进行详细讲解。

5.1.1 工作簿与工作表

在学习WPS表格的创建与编辑之前，我们先来了解一下工作簿与工作表的区别。在WPS中，虽然新建一个工作表的默认名称一般为"新建XLSX工作表"，但实际上这个文件叫作工作簿。

打开表格文件后， 我们能够在表格工作界面中的左下角看到默认创建的"Sheet1" "Sheet2"和"Sheet3"图标，如图5-1所示。它们就是工作表。其实，工作簿就像一本小册子，而工作表就像这本册子中一页一页的内容。

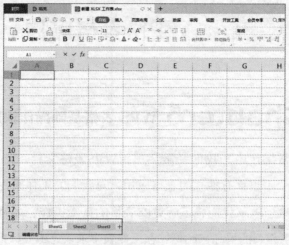

图5-1

工作簿是在WPS表格中用于保存数据信息的文件名称。在一个工作簿中，可以有多个不同类型的工作表，新建一个工作簿后，系统默认包含3个工作表，一个工作簿中的工作表最多不超过255个。工作表是显示在工作簿窗口中的表格，一个工作表由行与列组成，行的编号从1至1048576，列的编号依次用字母A、B……VI来表示，如图5-2所示。

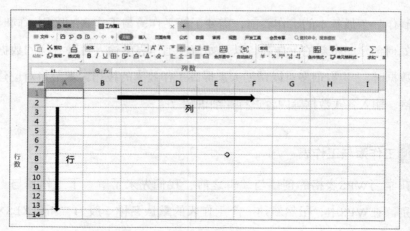

图5-2

5.1.2 创建与设置工作表

（1）创建与删除工作表

通过对工作簿和工作表的了解，以及前文中对创建新的WPS办公文档的学习，创建一个新的工作簿对大家来说已经不在话下了。那么我们如何在工作簿中创建一个新的工作表呢？

首先，新建一个WPS表格文件，如图5-3所示，打开文件后单击工作区左下方的"新建工作表"按钮，即可建立一个新的工作表。

图5-3

如图5-4所示，将光标移至"Sheet4"工作表图标上，单击鼠标右键，在弹出的列表中选择"删除工作表"即可删除当前选中的工作表。

图5-4

此外，如图5-5所示，在"开始"选项卡中的"工作表"下拉选项也能够实现创建与删除工作表的操作，还可以复制与移动工作表。

图5-5

（2）调整表格的显示比例

在制作WPS表格时，为了获得最佳的使用体验，我们会常常使用调整表格显示比例这一功能。

通常情况下，窗口的默认显示比例为100%，我们可以通过状态栏右侧来调整当前窗口的显示比例，如图5-6所示。

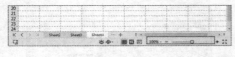

图5-6

我们还可以选择"视图"选项卡，找到"显示比例"按钮并单击，如图5-7所示。

图5-7

如图5-8所示，在弹出的"显示比例"窗口中选择需要调整的画面比例，或在"自定义"右边的画框内输入要显示的比例数值。

图5-8

最后单击"确定"按钮，即可完成对当前表格的显示比例的更改。

Tips:

如果想要快速更改当前表格的显示比例，直接按住"Ctrl"键并上下滚动鼠标滚轮。

在表中录入数据内容

（1）快速输入相同的文本信息

在WPS表格中输入文本信息是很常见的操作，一般不需要事先进行相关的设置就可以完成输入。但有时我们需要在不同的单元格内输入相同的文本信息，如果逐一复制粘贴，既费时又费力。下面，我们将学习如何快速在多个单元格中输入相同文本信息的方法。

首先，在选中的单元格中输入"职级考核成绩评定表"中必要的文字信息，随后按住"Ctrl"键，用鼠标左键选中多个需要输入相同文本的单元格，如图5-9所示。

随后，在其中一个单元格中输入文本，如图5-10所示。

输入完成后，按下组合键"Ctrl+Enter"，随即所有被选中的单元格中都输入了相同的文本信息，如图5-11所示。

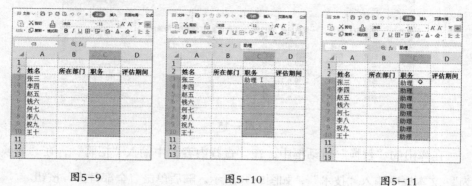

图5-9　　　　　　　　　图5-10　　　　　　　　　图5-11

（2）快速输入日期与时间

在编辑表格的过程中，有时会需要输入日期与时间，这时我们可以使用快捷键输入。

首先，选中要输入日期的单元格，如图5-12所示。

按下组合键"Ctrl+；"后，日期输入就完成了，效果如图5-13所示。

接下来，选中要输入时间的单元格，按下组合键"Ctrl+Shift+；"后，时间的输入就完成了，如图5-14所示。

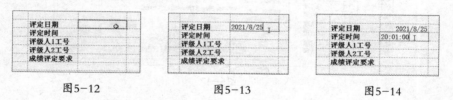

图5-12　　　　　　　　　图5-13　　　　　　　　　图5-14

5.1.4 查找与替换数据文本

我们在编辑数据时，如果分别查找想要修改的数据，操作起来很烦琐。这时，我们可以使用查找和替换功能来一次性修改所有相同数据。

选择需要将"招聘"更改为"技术"的任意单元格，在"开始"选项卡中单击"查找"按钮，在下拉菜单中选择"替换"选项，如图5-15所示。

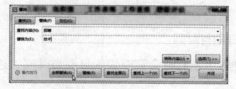

图5-15

在弹出的"替换"对话框中，在"查找内容"中输入"招聘"，在"替换为"文本框中输入"技术"，如图5-16所示。随后单击"全部替换"按钮。

图5-16

这时系统就会弹出提示，表明表格中的"招聘"已全部完成替换，单击"确定"按钮即可，如图5-17所示。

图5-17

5.1.5 设置文本内容参数

（1）只允许单元格输入数字

为了防止数据的误输入，我们可以通过对单元格的设置，实现只允许在单元格中输入数字的指令。

首先，选中要设置的单元格区域。在"数据"选项卡中点击"有效性"下拉按钮，在下拉列表中选择"有效性"选项，如图5-18所示。

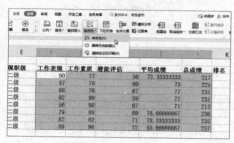

图5-18

在弹出的"数据有效性"对话框中，选择"设置"选项卡，在"允许"下拉列表中选择"自定义"选项，如图5-19所示。

图5-19

随后在"公式"文本框中输入"ISNUMBER(F3)"，输入完成后单击"确定"按钮，如图5-20所示。

图5-20

设置完成后，在单元格中输入除数值以外的其他内容就会出现警告信息，如图5-21所示。

图5-21

Tips:

这里需要大家注意一下，输入"ISNUMBER"代表限制输入的内容为数值，而"F3"代表选中的单元格区域。

（2）为单元格设置下拉列表

在填写表格时，我们可以通过设置下拉列表，并在下拉列表中事先设置可供选择的数据或内容，缩短工作时间。

选中要设置下拉列表的单元格，单击"数据"选项卡中的"下拉列表"按钮，如图5-22所示。

图5-22

在弹出的"插入下拉列表"窗口中，选择"手动添加下拉选项"。如需添加新的下拉列表名称，则点击绿色加号进行添加，如图5-23所示；如需删除已添加的下拉列表，则选中要删除的选项，则点击红色错号进行删除。

图5-23

在文本框中输入"技术""招聘""后勤""公关"四项后单击"确定"按钮，我们即可在所选单元格的右侧看到下拉按钮。

单击下拉按钮，即可从刚刚设置的四个选项中进行不同的选择，如图5-24所示。

图5-24

5.2 表格格式与美化——制作“员工详细信息表”

在工作表中输入文本与数据后，我们需要根据数据的类型、分组等内容，对工作表的格式与样式进行编辑与美化。本节我们将对如何插入与删除单元格、合并与拆分单元格、调整表格的行高与列宽、设置表格底纹和框线等操作进行详细讲解。

5.2.1 插入与删除单元格

（1）插入行与列

在对表格进行编辑时，经常会产生需要插入或删除单元格以添加或删除数据的情况。接下来，我们将学习如何在工作表中插入单元格。

首先打开“员工详细信息表”，将光标置于要插入数据列的上方，我们需要在“学历”一列前插入新列，那么我们用鼠标左键选中“学历”所在列的“E”列，如图5-25所示。

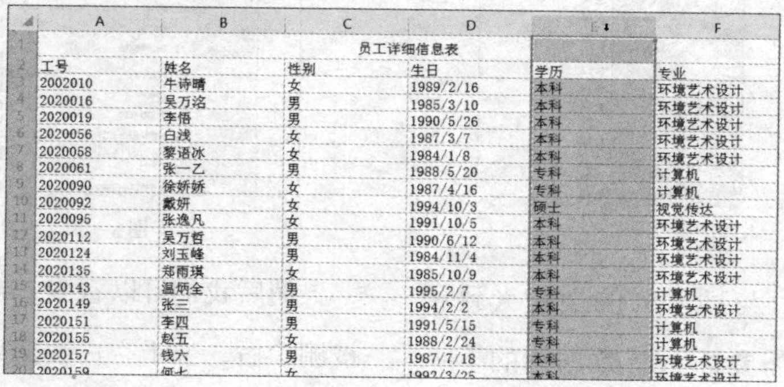

员工详细信息表

工号	姓名	性别	生日	学历	专业
2002010	牛诗晴	女	1989/2/16	本科	环境艺术设计
2020016	吴万洺	男	1985/3/10	本科	环境艺术设计
2020019	李悟	男	1990/5/26	本科	环境艺术设计
2020056	白浅	女	1987/3/7	本科	环境艺术设计
2020058	黎语冰	女	1984/1/8	本科	环境艺术设计
2020061	张一乙	男	1988/5/20	专科	计算机
2020090	徐娇娇	女	1987/4/16	专科	计算机
2020092	戴妍	女	1994/10/3	硕士	视觉传达
2020095	张逸凡	女	1991/10/5	本科	环境艺术设计
2020112	吴万哲	男	1990/6/12	本科	环境艺术设计
2020124	刘玉峰	男	1984/11/4	本科	环境艺术设计
2020135	郑雨琪	女	1985/10/9	本科	环境艺术设计
2020143	温炳全	男	1995/2/7	专科	计算机
2020149	张三	男	1994/2/2	本科	环境艺术设计
2020151	李四	男	1991/5/15	专科	计算机
2020155	赵五	女	1988/2/24	专科	计算机
2020157	钱六	男	1987/7/18	本科	环境艺术设计
2020159	何七	女	1992/3/25	本科	环境艺术设计

图5-25

在“E”列上单击鼠标右键，在弹出的列表中选择“插入”，“列数”设置为“1”，点击最右侧对号表示确定插入，如图5-26所示。

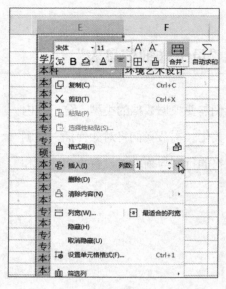

图5-26

图5-28

此时，选中的"学历"数据列左侧被插入了新的空白数据列，如图5-27所示。

图5-27

插入行与插入列的操作大致相同，选中需要插入新数据行的下一行，如图5-28所示，在行数处单击鼠标右键，在弹出的列表中选择"插入"，并设置好行数即可完成。

（2）删除单元格

如果需要删除整行或整列的话，那么直接在行数或列数上进行操作即可，下面我们以列数为例。

如图5-29所示，我们要删除表中的空白数据列，那么直接在"E"行上单击鼠标右键，在弹出的列表中选择"删除"。

图5-29

随后我们可以看到，空白数据列被删除后，位于空白数据列右侧的所有数据列默认向左移动了一列。

删除行则在行数上单击鼠标右键，在弹出的列表中选择"删除"，如图5-30所示。删除行后，位于所删除行下方的所有数据行会默认向上移动。

此时会弹出"删除"选项的子列表。在子列表中，我们可以通过选择"右侧单元格左移"和"下方单元格上移"来删除单个的单元格；或者选择"整行"或"整列"对选中单元格所在的行或列进行删除。

图5-30

删除某一个单元格则是在某个单元格上方单击鼠标右键，在弹出的列表中选择"删除"，如图5-31所示，

图5-31

Tips:

多选单元格后，在单元格上单击鼠标右键并选择"删除"，可以删除连续的或不连续的多个单元格。

5.2.2 合并与拆分单元格

单元格的合并常用于设置表格的标题。通常表格的标题较长，并且整行都用于填写标题，所以标题行最需要进行单元格合并。

首先，我们选中需要合并的所有单元格，在"开始"选项卡中找到

"合并居中"按钮，如图5-32所示。

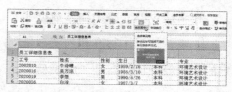

图5-32

一般情况下，直接点击该按钮即可完成"合并单元格"以及"将单元

格中的内容居中"两项操作。

不过，单击"合并居中"的下拉按钮，我们可以看到还有另外几个选项可以选择，如图5-33所示，大家可以根据列表左侧的图示来选择自己需要的合并方式。拆分单元格是在表格中的多个单元格被合并的情况下，对其进行拆解。

我们选中已经被合并单元格的标题行，随后在"开始"选项卡中找到"合并居中"按钮。

单击下拉按钮，选择"取消合并单元格"，如图5-34所示。此时合并的单元格被拆分为只有一个单元格中留有标题内容，其余单元格为空白的状态。

图5-33

图5-34

Tips：

"拆分并填充内容"，是将合并的单元格拆分，并在每一个被拆分的单独的单元格内都填充了标题内容。

5.2.3 设置单元格的行高与列宽

在新建WPS表格中输入数据和文字时，默认情况下行高和列宽都是固定的，一般默认行高是"13.5 磅"，列宽是"8.38 磅"。当单元格中内容过多、过长时，后半部分内容则无法显示，这时候我们就需要调整行高和列宽了。

首先，选中要变更行高的一整行，在本例中我们选择标题行，在"开始"选项卡中找到"行和列"选项，在下拉列表中，选择"行高"，如图5-35所示。

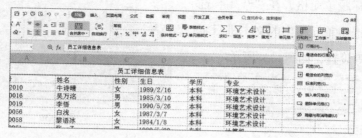

图5-35

在弹出的"行高"对话框中输入要设置的数值，如"20"，如图5-36所示。

图5-36

最后单击"确定"按钮即可完成对行高的设置。

列宽与行高的设置方法大致相同，在"行和列"下拉选项中选择"列宽"，如图5-37所示，随即在弹出的窗口中设置好数值并点击"确定"按钮，则列宽也设置好了。

图5-37

5.2.4 设置表格中文字的格式与对齐方式

（1）设置表格中文字的格式

在完成对表格的数据输入和基本调整后，我们可以设置单元格中的文字格式。一般情况下，我们对表格的文字设置要求不高，只要做到层次分明即可，通常我们仅需对表格的标题与表头中的文字进行格式的设置。

选中标题单元格，在"开始"选项卡中对选中单元格中的文本进行字体与字号等设置，如图5-38所示。

图5-38

（2）设置表格中文字的对齐方式

在制作表格时，我们会发现WPS表格的初始设置一般为文字左对齐，数据右对齐，那么应该如何更改对齐方式让表格显得更加工整呢？

首先，我们选中要改变对齐方式的单元格区域，在本例中我们选中除标题外的所有单元格，如图5-39所示。

图5-39

随后在"开始"选项卡中找到"左对齐"按钮，点击按钮后，所有选中单元格中的文字和数字全部向左对齐，表格看起来更加整洁了，如图5-40所示。

图5-40

 Tips:

位于"左对齐""居中对齐"选项上方一行的"顶端对齐""垂直居中"等对齐方式，是设置单元格中文字水平方向的对齐方式。

5.2.5 为表格与单元格添加样式

我们可以套用WPS表格中系统自带的表格样式或单元格样式来快速美化表

格。单击"开始"选项卡中的"表格样式"下拉选项，如图5-41所示。

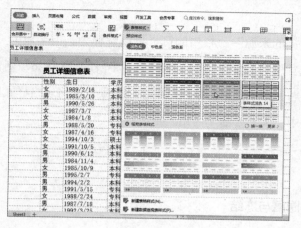

图5-41

在下拉列表中，选择一个表格样式，随后会弹出"套用表格样式"窗口，如图5-42所示，在此窗口中我们需要对"表数据的来源"进行设置。

在本例中，我们可以直接按住鼠标左键进行拖拽，框选整个表格，此时，"表数据的来源"如图5-43所示显示为"$A$1:$F$26"，随后单击"确定"按钮即可完成对表格样式的套用。

图5-42   图5-43

"表数据的来源"一栏中的符号可以解释为：前半段的"$A$1"代表表格样式套用的最左上角单元格，而后半段的"$F$26"则代表表格样式套用的最右下角单元格。使用这两个公式则可以将表格样式应用于本例的整个表格中，大家要活学活用。

5.2.6 表格的隐藏与冻结

（1）隐藏与显示单元格

　　在完成对一个工作表的编辑后，为了避免工作表中的信息泄露，我们可以将已经制作好的工作表隐藏。

　　我们只需单击WPS表格办公区域左下角工作表图标，在本例中我们选择"Sheet1"。在图标上单击鼠标右键，在弹出的列表中选择"隐藏工作表"，如图5-44所示，随后，"Sheet1"就被隐藏了。

　　如果想让隐藏的窗口再次显示，在任意一个工作表图标上单击鼠标右键，在展开的列表中选择"取消隐藏工作表"即可，如图5-45所示。

图5-44

图5-45

（2）冻结单元格

通常，工作表中有大量的数据需要编辑，我们在拖动滚动条查看数据时，会发现标题和表头会随滚动条上下移动，不利于我们查看数据。我们可以通过冻结工作表来解决这一问题。

首先，我们需要了解冻结窗格的规则——我们所选中的单元格并不是能够直接被冻结的单元格，接下来我们举例说明，如我们想要锁定"员工详细信息表"的标题与表头两行窗格，我们根据行数与列数，选择"3 行 G 列"单元格，如图5-46所示。

此时单击"视图"选项卡，选择"冻结窗口"的下拉按钮，我们能够发现第一个选项为"冻结至第 2行F 列"，如图5-47所示。

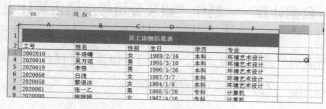
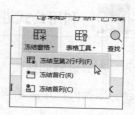

图5-46   图5-47

进行这样的设置，无论如何拖动滚动条，工作表的标题与表头都是固定不动的。通过案例讲解我们可以发现，冻结的窗格与我们选择的单元格之间存在一种"角对角"的关系，如图5-48所示。

图5-48

Chapter6 WPS表格中数据的计算

在表格中输入数据时，我们会接触到两个概念——公式与函数。本章将对公式与函数的关系、公式在表格中的应用、函数的种类说明，并挑选一些常用函数结合例子进行讲解。通过本章的学习，我们可以初步掌握WPS表格中关于数据计算方面的知识，为今后制作和处理数据量大的表格提供基础知识支撑。

6.1 利用公式进行数据计算——制作“服装公司年度销售统计表”

本节讲解如何输入与编辑公式、复制公式、检查与审核公式等操作，并结合“服装公司年度销售统计表”对常用公式进行梳理与汇总。

6.1.1 输入与编辑公式

输入公式是在WPS表格中使用函数的第一步操作。这里的公式是指一种对工作表内指定数据进行计算的等式，它能够帮助我们对大量复杂的数据进行精确快速的计算。首先，我们在工作表内输入数据，如图6-1所示。

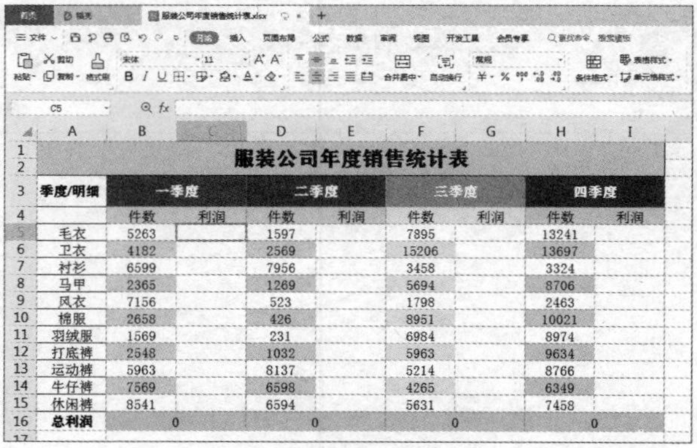

服装公司年度销售统计表

季度/明细	一季度		二季度		三季度		四季度	
	件数	利润	件数	利润	件数	利润	件数	利润
毛衣	5263		1597		7895		13241	
卫衣	4182		2569		15206		13697	
衬衫	6599		7956		3458		3324	
马甲	2365		1269		5694		8706	
风衣	7156		523		1798		2463	
棉服	2658		426		8951		10021	
羽绒服	1569		231		6984		8974	
打底裤	2548		1032		5963		9634	
运动裤	5963		8137		5214		8766	
牛仔裤	7569		6598		4265		6349	
休闲裤	8541		6594		5631		7458	
总利润	0		0		0		0	

图6-1

我们在表中输入公司每季度销售的各类服装件数后，需要计算每季度每类服装的销售利润。此时，我们可以应用"算数运算符"。运算符是一种特殊字符，用于对公式中的元素进行计算，可以用来完成最基本的数学运算，如"加、减、乘、除"，如图6-2所示。

算术运算符	意义	示例
+（加号）	加法	520+1
-（减号）	减法	10-6
*（星号）	乘法	4*5
/（斜杠号）	除法	12/4
%（百分号）	百分比	50%
^（脱字号）	乘方	10^2

图6-2

在 WPS 表格中使用计算公式进行数据计算时，有一个必须遵循的输入顺序：位于公式最前方的一定是"="号，然后才是计算公式。首先，我们选中C5单元格，输入"="号后，单击B5单元格，如图6-3所示，此时编辑栏内会同步显示我们输入的内容。

图6-3

随后输入代表乘法的"*"号，再输入毛衣的单件利润"50"，按"Enter"键进行运算，如图6-4所示。

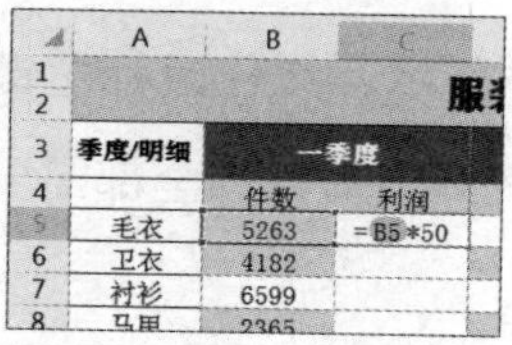

图6-4

最后，C5单元格中显示的数字即是B5中的"毛衣件数"乘以"毛衣单件利润50"得出的结果，如图 6-5所示。

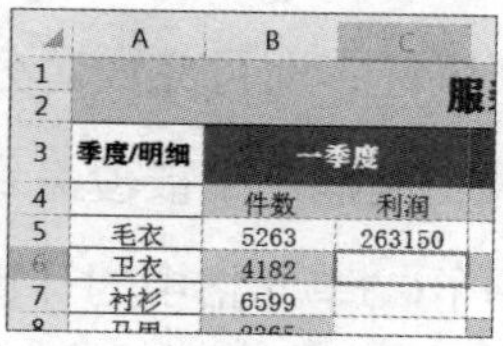

图6-5

 Tips:

在上述讲解中，出现的"B5"与"C5"是表格中单元格的"名字"，它们由列数（字母）与行数（数字）组合而成。我们在利用公式进行计算时，可以通过单元格的"名字"来选择单元格数据或数据范围。

6.1.2 复制公式

完成上一步的操作后，我们会发现，虽然使用公式计算其中一个数据很简单，但面对大量的数据时依旧会感到头疼，这时，对公式的复制就成了我们提高效率的关键。

我们将光标放到C5单元格右下角，当鼠标指针变为黑色十字形时，如图6-6所示，按住鼠标左键并向下拖动，直到覆盖同列全部需要计算的单元格。

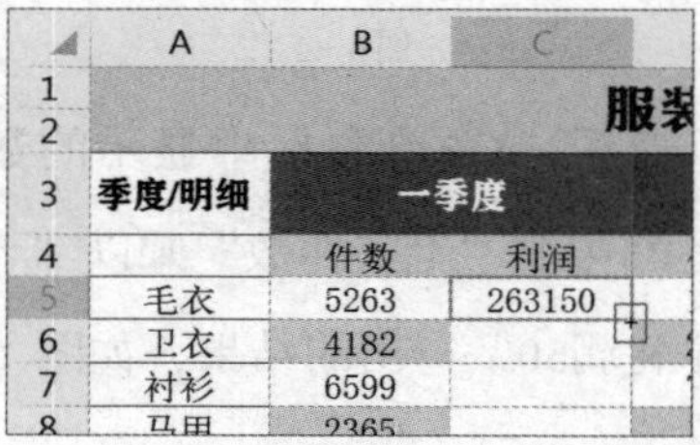

图6-6

松开鼠标，即可完成对公式的复制，C列"利润"中被覆盖到的单元格都应用了C5单元格中的计算公式，效果如图6-7所示。

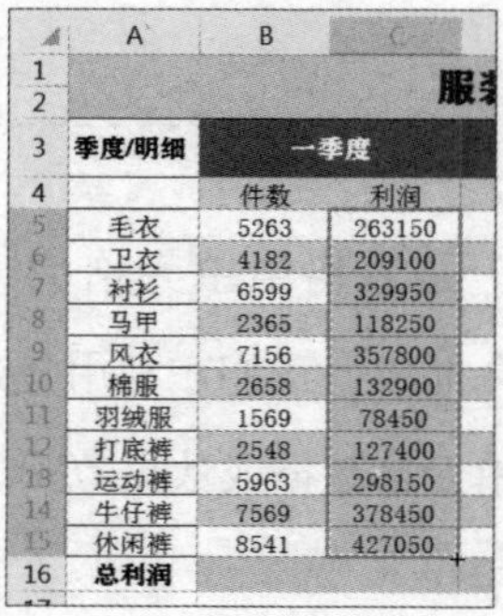

图6-7

那么，如果我们需要跨列复制公式或者跨行复制公式应该如何操作呢？非常简单，利用"复制""粘贴"就可以了。首先选中C5单元格，在单元格上单击鼠标右键，在弹出的列表中选择"复制"，或使用快捷键"Ctrl+C"，如图6-8所示。

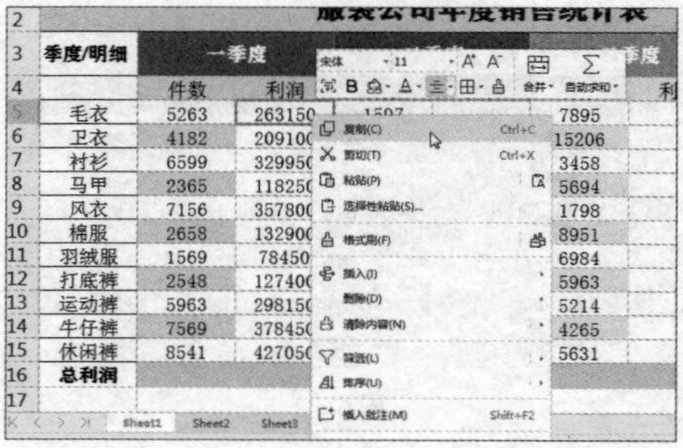

图6-8

随后，选择E5单元格，并在单元格上单击鼠标右键，在弹出的列表中选择"粘贴"，也可以使用快捷键"Ctrl+V"，如图6-9所示。

图6-9

此时，E5单元格中显示的数据即通过复制C5单元格中的公式来计算

D5单元格中的"毛衣件数"乘以"单件利润 50"而得出的数字。如图6-10所示，我们可以双击E5单元格，查看公式。

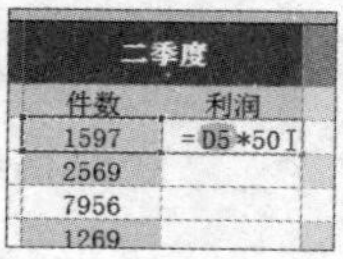

图6-10

数据的求和与平均值

（1）计算总利润

接下来，我们需要计算每季度的服装总利润，在此，我们需要用到WPS表格中的求和公式，这是WPS表格中常用的公式之一。

选中"总利润"和"一季度"交叉后对应的单元格，表示通过求和公式计算出的最终结果要放到此单元格中。随后，在"开始"选项卡中选择"求和"选项，如图6-11所示。

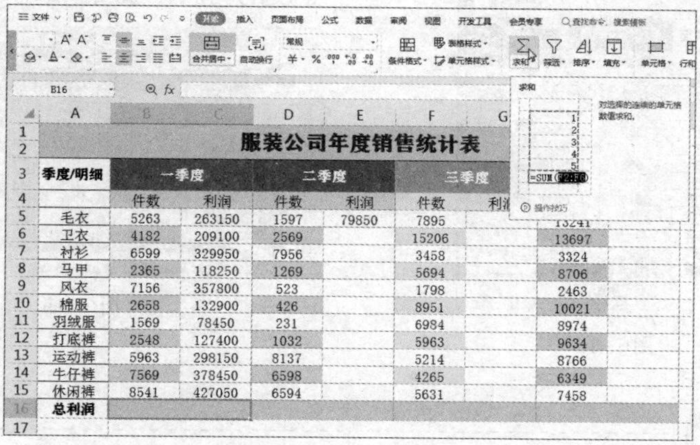

图6-11

选择"求和"选项后，在选中单元格中会自动出现如图6-12所示的公式，此时我们需要确认的是公式中所囊括的数据是否是我们需要计算的数据，如果是我们需要计算求和的数据，按"Enter"键确定使用公式。

图6-12

如果不是我们需要计算求和的数据，那么我们可以用鼠标自行选中需要计算数据的单元格，如图6-13所示，我们用鼠标左键框选表示第一季度利润的全部单元格。

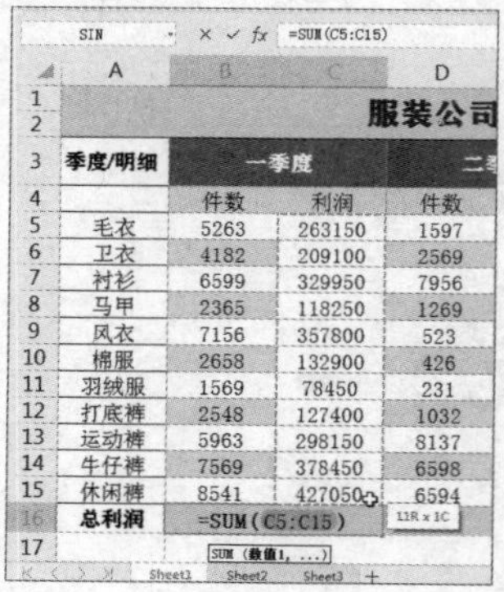

图6-13

选中需要计算数据的全部单元格后，按"Enter"键表示确定，此时第一季度的总利润已经显示在右侧的单元格中了，如图6-14所示。

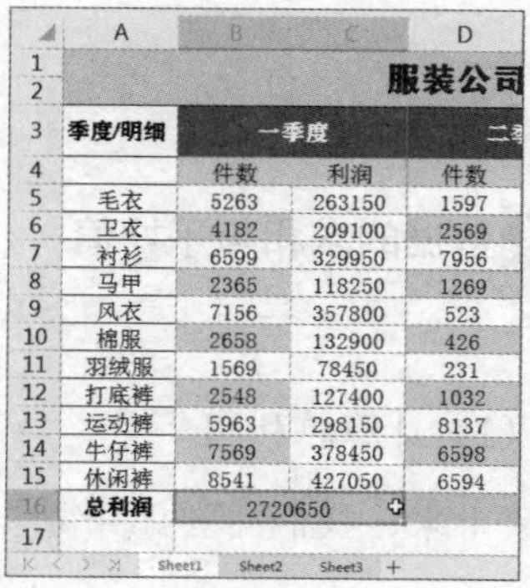

图6-14

完成第一季度的利润求和计算后，复制求和公式，可轻松得出四个季度的利润，如图6-15所示。

图6-15

Tips:

求和公式由等号"="与求和函数"SUM(number1,number2,...)"组成，如果将"number1,number2"之间的逗号","换为冒号":"，则表示计算 number1 到 number 2 之间的数据之和。

（2）计算平均利润

计算平均利润时，我们需要使用计算平均值公式。

首先，选中"平均利润"右侧的单元格，随后单击"开始"选项卡中的"求和"选项，在展开的列表中，选择"平均值"，如图6-16所示。

图6-16

在当前选中的单元格中即刻出现平均值公式，并且系统默认框选"件数"一列，如图6-17所示。

图6-17

使用鼠标左键选择四个季度总利润的四个单元格，如图6-18所示，此时平均利润右侧单元格中的数据也会随之变化。

图6-18

确定平均值范围在"B16:I16"后，按"Enter"键确定，即可完成平均利润的计算，如图6-19所示。

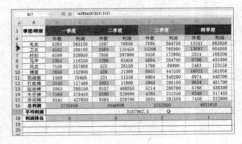

图6-19

💡 **Tips:**

平均值公式由等号"="与平均值函数"AVERAGE（number1,number2，…）"组成，其中，如果将"number1,number2"之间的逗号","换为冒号":"，则表示计算 number1 到 number2 之间数据的平均值。

（3）设置小数位数

此时我们发现，计算后的平均值为"3187962.5"，在一些情况下，我们需要隐藏整数后的小数，以保持表格的整洁美观。首先我们在平均值的单元格上单击鼠标右键，在弹出的列表中选择"设置单元格格式"，如图6-20所示。

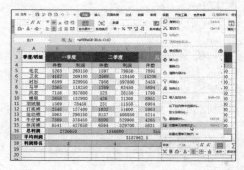

图6-20

在弹出的"单元格格式"窗口中的"数字"选项卡中，选择"分类"

为"数值"，设置"小数位数"为"0"，如图6-21所示。

图6-21

最后单击"确定"按钮，如图6-22所示，我们可以发现"平均利润"的数字变成了整数。

图6-22

6.2 巧妙运用函数——制作"员工年度绩效提成表"

函数常常用于数据多的表格制作过程中。本节将以"员工年度绩效提成表"为例，继续带领大家探索函数的奇妙世界。

6.2.1 关于函数，你需知道这些

常常有人不清楚WPS表格中公式与函数的关系。其实，将一组特定功能的公式组合在一起，就形成了函数，函数是预先定义并执行分析、计算、处理数据的特殊公式。在WPS表格中，我们使用函数前一定要先学习函数的语法结构，如图6-23所示，才能避免在使用函数的过程中出现错误。

图6-23

（1）等号：函数是一组特定公式的组合，而我们在前文中提过，位于公式最前方的一定是等号"="，所以在输入函数时，等号必须在函数名前输入。

（2）函数名：用于表示调用功能函数的名称。

（3）冒号：用于表示参数与参数之间的数值。

（4）逗号：用于表示各参数之间的间隔。

（5）参数：可以是数值、文本、逻辑值与单元格引用，也可以是公式或函数。

（6）括号：用于输入函数中的参数。

在了解了函数的语法结构后，接下来我们开始学习常用函数。在此我们为大家整理出了常用的六种函数类型，其中包括财务函数、逻辑函数、文本函数、日期和时间函数、查找与引用函数、数学和三角函数，如图6-24所示。我们在"公式"选项卡中即可查看这几个类型的函数或其他类型的函数。

图6-24

6.2.2 利用文本函数录入员工工号与姓名

文本函数用于处理字符串类型的数据，下面我们详细介绍如何使用文本函数来提取员工的详细信息，用于制作"员工年度绩效提成表"。

打开"员工年度绩效提成表"，选中A3单元格，随后打开"公式"选项卡，点击"文本"下拉按钮。

在下拉列表中滑动鼠标滚轮向下翻页，找到"TEXT"函数并单击，

如图6-25所示。

图6-25

随后，页面中弹出"函数参数"窗口，选择"数值格式"对话框，如图6-26所示。

图6-26

随后，点击工作表图标栏中的"员工详细信息表"，此时我们会跳转到工作表内，而函数的窗口并没有关闭。

用鼠标左键框选需要录入信息的员工工号，如图6-27所示，我们选择A3至A26单元格，此时，"函数参数"窗口内的"数值格式"自动

填入"员工详细信息表 !A3:A26"的内容。

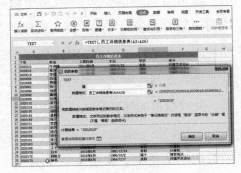

图6-27

点击"确定"按钮，这时工作表自动跳转到设置函数的"员工年度绩效提成表"中，我们可以发现A3单元格中已经自动填入了"员工详细信息表"中A3单元格中的工号，如图6-28所示。

图6-28

将光标移至A3单元格右下角，当指针变为黑色十字形时，按住鼠标左键向下拖拽，填充单元格，直至A26单元格，员工工号填充完成，如图6-29所示。随后，我们再次重复使用"TEXT"函数，提取"姓名"一列，最终效果如图6-30所示。

图6-29

图6-30

6.2.3 用日期与时间函数计算员工的工龄

接下来，我们需要利用日期与时间函数计算员工的工龄，以方便后期计算工龄工资。在本例中，我们依然需要使用工作簿中的"员工详细信息表"来辅助工龄的计算。

首先在C2单元格中输入"员工工龄"表头，随后我们选中C3单元格，再点击"公式"选项卡中的"日期和时间"下拉按钮。

在下拉列表中，选择"DATEDIF"选项，如图6-31所示，此函数可以用来计算两个日期之间的差。

图6-31

随后，弹出"函数参数"窗口，我们首先点击"开始日期"，然后选择"员工详细信息表"，如图6-32所示。

图6-32

如图6-33所示，用鼠标左键框选C3至C26单元格，全选所有员工的入职时间，此时"开始时间"中自动录入"员工详细信息表!C3:C26"

内容。

图6-33

点击"函数参数"窗口中的"终止日期"，此时我们需要手动输入"TODAY()"函数，该函数的意义为当前日期。点击"比较单位"，手动输入"Y"。如图6-34中所显示的窗口下方提示，"Y"代表"年"，而"M"和"D"分别代表"月"和"日"。

图6-34

最后单击"确定"按钮，应用函数，此时C3单元格中显示结果"10"。将光标移至C3单元格右下角，当指针变为黑色十字形时，按住鼠标左键向下拖拽，填充单元格直至C26单元格，员工工龄填充完成，如图6-35所示。

图6-35

完成员工工龄的计算后，我们需要计算员工的工龄工资。在本例中，员工的工龄工资按照每年200元来计算。所以我们需要在D3单元格中输入公式"=C3*200"，如图6-36所示。

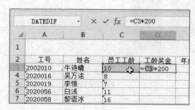

图6-36

随后按"Enter"应用公式，再按住D3单元格右下角向下拖拽单元格，将公式填充至 D26单元格，则员工的工龄工资计算完成，如图6-37所示。

图6-37

最后,框选D3至D26单元格,在单元格上单击鼠标右键,在弹出的列表中选择"设置单元格格式",如图6-38所示。

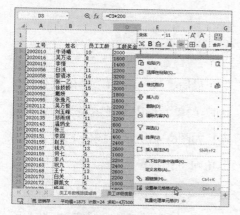

图6-38

在弹出的"单元格格式"窗口中选择"数字"选项卡,在"分类"列表中选择"货币"选项,将"小数位数"改为"0",如图6-39所示。

图6-39

单击"确定"按钮,最终效果如图6-40所示。

图6-40

6.2.4 查找与引用函数和逻辑函数

为了确认"员工年度绩效提成表"中的奖金提成,我们需要利用HLOOKUP 函数来确认员工的业绩奖金提点,并使用逻辑函数计算员工的业绩奖金。员工的业绩划分为不同的等级,不同的等级奖金计算方式也不同,而逻辑函数非常适合用于计算这一类型的数据。

(1)利用查找与引用函数计算业绩提点

我们利用查找与引用函数来输入员工业绩奖金的提点。如图6-41所示,选中F3 单元格,在单元格内输入公式"=HLOOKUP()",随后点击E3单元格。

图6-41

接下来输入逗号","表示隔开参数，随后点击"业绩奖金标准"工作表图标，拖拽鼠标选择单元格B3至E4，表示以该工作表选中单元格中的业绩奖金标准计算奖金提点，如图6-42所示。

图6-42

随后我们按住"F4"键，表示绝对引用单元格，此时公式变为如图6-43所示。

图6-43

在公式中输入逗号","，并手动输入代表返回同列中第二行数值的数字"2"，如图6-44所示。

图6-44

最后，按"Enter"键确认公式，此时 F3单元格中即显示员工的业绩提点，如图6-45所示，按住 F3单元格右下角向下拖拽单元格，将公式填充至F26单元格，则业绩提点填充完成。

图6-45

在"公式"选项卡中的"查找与引用"下拉选项中也可以找到"HLOOKUP"函数。

（2）利用逻辑函数计算业绩奖金

对业绩提点计算完成后，我们就可以使用逻辑函数计算业绩奖金了。首先，选中G3单元格，在"公式"选项卡中选择"逻辑"下拉按钮。

在下拉列表中，选择"IF"函数，如图6-46所示。该函数可以根据指定条件来判断"真"与"假"，可以根据逻辑计算的真假值，执行相应的处理。

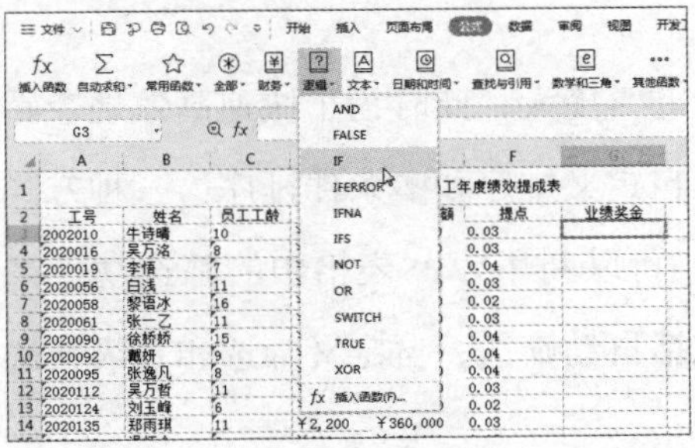

图6-46

随即弹出"函数参数"窗口，在"测试条件"一栏中输入"E3<500000"，意为"假如E3单元格中的数值小于 500000"；在"真值"一栏中，输入"E3*F3"则代表：如果测试条件为 TURE，则执行真值一栏的计算。在本例中的含义为：如果年度销售额小于500000，则奖金按照年度销售额乘以提点计算。

在"假值"一栏中，输入"E3*F3+20000"，如图6-47所示。此处代表，如果测试条件为 FALSE，则执行假值一栏计算。在本例中的含义为：如果年度销售额大于500000，则奖金按照年度销售额乘以提点，再加上20000来计算。

图6-47

最后按"Enter"键确认公式，此时 G3单元格中会显示员工的业绩奖金，按住G3单元格右下角的黑色十字光标向下拖拽单元格，将公式填充至G26单元格，则业绩奖金填充完成，如图6-48所示。

图6-48

Chapter7 数据的排序、筛选与汇总

在学习过WPS表格中的公式与函数之后，相信大家在日常办公中能够对数据的输入更加熟练。接下来，我们将为大家介绍数据的排序、数据的筛选、数据的分类汇总以及设置工作表的条件格式等操作。通过本章的学习，大家能够利用WPS表格来管理数据，从而更加高效地使用WPS表格。

7.1 数据的排序与筛选——制作"各大区销售业绩汇总表"

在大多数情况下，工作表中的数据量非常庞大，此时为了快速高效地查看表格中的数据，我们可以按照简单排序、自定义排序和多条件排序这三种方式对工作表中的数据进行排序。此外，我们可以利用WPS表格中的筛选功能来查询我们需要的特定数据，而筛选功能包括自动筛选、自定义筛选和高级筛选三种。

7.1.1 简单排序

WPS 表格中的简单排序是指根据工作表中的单一排序条件——如某一数据或某一地点等，将工作表中的数据按照升序或降序进行排列，升序和降序是我们在使用WPS 表格进行数据排序时最常使用的两种数据排列方式。

（1）升序排序

首先，打开"各大区销售业绩汇总表"，在表中输入相关数据后，对"销售日期"进行排序。

选中"销售日期"的B2单元格，随后在"数据"选项卡中选择"排序"下

拉选项，在下拉列表中选择"升序"选项，如图7-1所示。

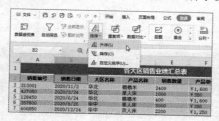

图7-1

此时，工作表中的数据已经按照"销售日期"的先后进行了"升序"排序，如图7-2所示。

图7-2

Tips：

"升序"排序是按照逻辑顺序从低到高进行排序，在本例中可以看到，"销售日期"由低数值向高数值进行上升式排序。

（2）降序排序

接下来，我们尝试以"降序"为"销售总额"进行排序。选中"销售总额"的G2单元格，在"数据"选项卡中点击"排序"下拉选项，在下拉列表中选择"降序"选项，如图7-3所示。

图7-3

工作表中的最终数据如图7-4所示，以"销售总额"的高低进行了降序排序。

图7-4

7.1.2 自定义排序

我们在对工作表中的数据进行排序时，可能会出现这样一种情况：某些数据中并没有明显的升降序次序，这时，我们可以利用"自定义排序"来自定义排序的次序。

首先，选中工作表中数据区域的任意单元格，在"数据"选项卡中选择"排序"下拉选项。

在下拉列表中选择"自定义排序"选项，如图7-5所示。

图7-5

随后，在表格内弹出"排序"窗口，我们设置"主要关键字"为"大区名称"，在"次序"列表中选择"自定义序列"选项，如图7-6所示。

图7-6

如图7-7所示，在弹出的"自定义序列"窗口中，我们首先在"自定义序列"列表中选择"新序列"选项。随后，在"输入序列"文本框中输入表格中的大区名称"华北,华中,华南,东北"四个名称，中间以英文状态下的逗号","隔开。

图7-7

点击"添加"按钮，这时我们自定义的排序序列就添加到了"自定义序列"的列表框中，如图7-8所示。

图7-8

单击"确定"按钮表示选择新建自定义序列后，我们返回到"排序"窗口，再次单击"确定"按钮，如图7-9所示。

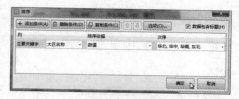

图7-9

此时，工作表中的数据则会按照新建的自定义序列进行排序，如图7-10所示。

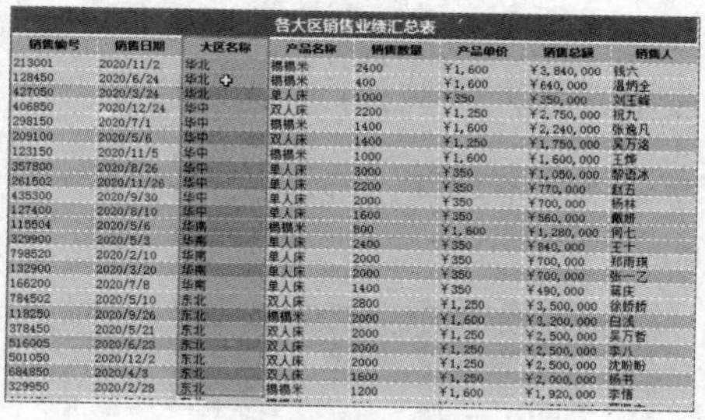

图7-10

7.1.3 多条件排序

如果我们想要工作表中的数据按照两个条件同时进行排序应该如何操作呢？本例中我们在"大区名称"自定义排序的基础上，按照"销售数量"进行降序排序。

首先，框选工作表数据区域中的全部单元格，在"数据"选项卡中选择"排序"下拉按钮，在下拉列表中选择"自定义排序"选项。

弹出"排序"窗口后，我们发现

此时的排序方式如图7-11所示，"主要关键字"为"（列C）"，"次序"为我们在上一步中所新建的自定义排序，在窗口中单击"添加条件"按钮。

图7-11

在新显示的"次要关键字"列表中选择"（列E）"，随后在"次序"列表中选择"降序"，如图7-12所示。

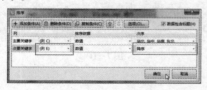

图7-12

最后单击"确定"按钮，返回工作表，此时工作表中的数据已经在主要排序"大区名称"的基础上进行了次要的"销售额降序"排序，最终结果如图7-13所示。

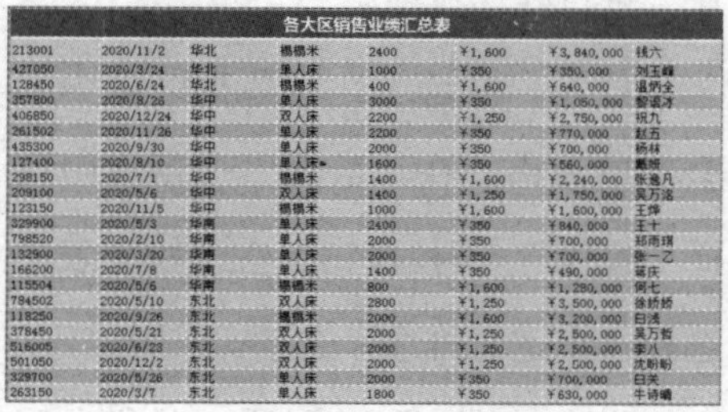

图 7-13

7.1.4 自动筛选

我们在对工作表中的数据进行筛选时，自动筛选功能是我们经常用到的一个便捷的功能，它能够按照简单的条件对工作表中的数据进行筛选。

首先，选中工作表数据区域的任意单元格，在"数据" 选项卡中选择"自动筛选"按钮，如图7-14所示。

图7-14

随后在工作表中表头所有单元格的右上角自动显示表示自动筛选的下拉按钮，如图7-15所示。

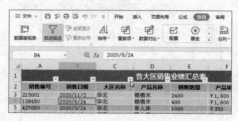

图7-15

单击"产品名称"右上角下拉按钮，在下拉窗口中取消勾选"全选"复选框，勾选"单人床"复选框，如图7-16所示。

图7-16

单击"确定"按钮，此时工作表内只显示名称为"单人床"的所有数据，如图7-17所示。

图7-17

Tips:

　　筛选数据后，如果想要恢复显示工作表中的全部数据，再次单击"数据"选项卡中的"自动筛选"按钮即可。

7.1.5　自定义筛选

　　如果自动筛选不能满足我们筛选数据的需求，那么我们可以以自定义筛选的方式来对工作表中的数据进行条件更加复杂的筛选。

　　选中工作表数据区域的任意单元格，单击"数据"选项卡中的"自动筛选"选项，随后在工作表中表头所有单元格的右上角自动显示表示自动筛选的下拉按钮。

　　单击"销售总额"右上角下拉按钮，在下拉窗口中选择"数字筛选"选项，如图7-18所示。

图7-18

在弹出的列表中选择"自定义筛选"选项,如图7-19所示。

图7-19

随后,在弹出的"自定义自动筛选方式"窗口中,将筛选条件设置为"大于或等于""2000000",如图7-20所示。

图7-20

点击"确定"按钮后,可以看到工作表中"销售总额"在2000000以上的数值就被筛选出来了,如图7-21所示。

图7-21

7.2 **数据的分类汇总与条件格式设置——制作"各部门日常费用支出明细表"**

在工作表中输入文本与数据后,我们要根据数据的类型、分组等,对工作表中的数据进行汇总。本节将对单项汇总与嵌套汇总、合并多个表格汇总等进行详细讲解。

7.2.1 单项汇总与嵌套汇总

(1)按部门与金额进行单项汇总

对工作表中的数据进行汇总前,我们需要对数据进行简单的排序。在工作表中输入数据后，选中"所属部门"E2单元格。

选择"数据"选项卡，选择"排序"→"升序"，如图7-22所示。

图7-22

此时对数据的简单排序就完成了，随后在"数据"选项卡中，点击"分类汇总"按钮，如图7-23所示。

图7-23

在弹出的"分类汇总"对话框中，将"分类字段"设置为"列E"，将"汇总方式"设置为"求和"，将"选定汇总项"设置为"列F"，如图7-24所示。

图7-24

单击"确定"按钮，工作表中的数据即按照"所属部门"对"金额"进行了汇总，如图7-25所示。

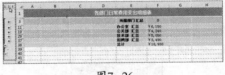

图7-25

单击汇总区域左上角的数字按钮"2"，则能够查看第二级汇总结果，如图7-26所示。

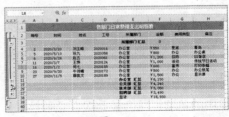

图7-26

在二级汇总数据中，单击加号"+"则展开下一级数据，单击减号"-"即可收回下一级数据，如图7-27所示。

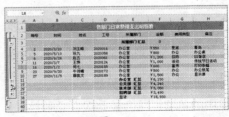

图7-27

（2）进行嵌套分类汇总

除了对工作表中的数据进行简单

111

的汇总外，我们还可以利用重复单项汇总对数据进行嵌套分类汇总。选中工作表中数据区域内任意单元格，随后单击"数据"选项卡中的"分类汇总"选项，如图7-28所示。

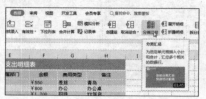

图7-28

在弹出的"分类汇总"对话框中，将"分类字段"设置为"列E"，将"汇总方式"设置为"平均值"，将"选定汇总项"设置为"列F"，如图7-29所示。

图7-29

需要注意的是，这里我们需要取消勾选"替换当前分类汇总"复选框，如果不取消勾选该复选框，上一步中的单项汇总会被此次汇总替换。

单击"确定"按钮，此时工作表的每一个部门汇总上方都会出现"平均值"，如图7-30所示，通过左侧显

示的汇总结果级别，可以看出现在的工作表已经成为四级汇总表。

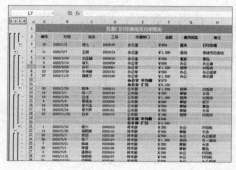

图7-30

（3）取消分类汇总

如果想要取消分类汇总，可以在"数据"选项卡中再次点击"分类汇总"按钮，在弹出的"分类汇总"窗口中，点击"全部删除"按钮即可删除当前工作表中的分类汇总，如图7-31所示。

图7-31

7.2.2 合并多个表格进行汇总

我们还可以利用WPS表格中的"合并计算"功能来对多个工作表中

具有相同标签的数据进行汇总。如图
7-32所示，现在我们需要将三张工作
表中的"办公室日常费用支出"进行
汇总。

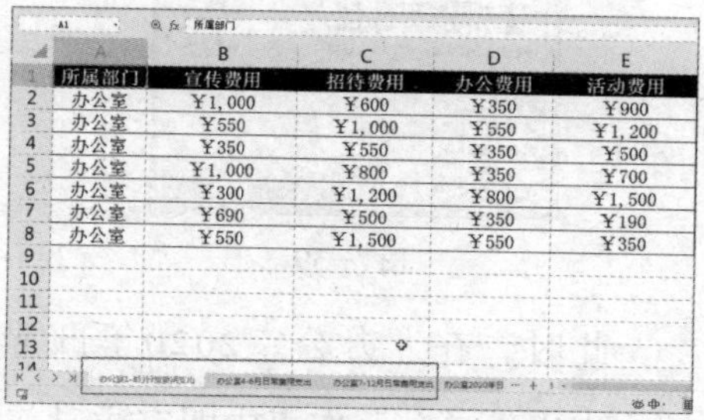

图7-32

单击工作表下方的"新建工作
表"按钮，如图7-33所示，新建一张
工作表用于放置合并汇总的结果。

图7-33

新建一个工作表后，在新建的
"Sheet4"工作表图标上单击鼠标右
键，选择"重命名"选项，如图7-34
所示，更改工作表名称为"办公室
2020年日常费用支出汇总"。

图7-34

选中新建工作表的A1单元格，意
为合并汇总的结果以A1单元格为起点
放置。随后单击"数据"选项卡中的
"合并计算"按钮，如图7-35所示。

图7-35

在弹出的"合并计算"窗口中，
选择"引用位置"后的表格图标，如
图7-36所示。

图7-36

随后，切换到"办公室1-3月日
常费用支出"工作表中，按住鼠标左
键拖拽框选工作表中的部门和数据区
域，如图7-37所示，随后单击"合并
计算-引用位置："对话框右侧的表
格图标。

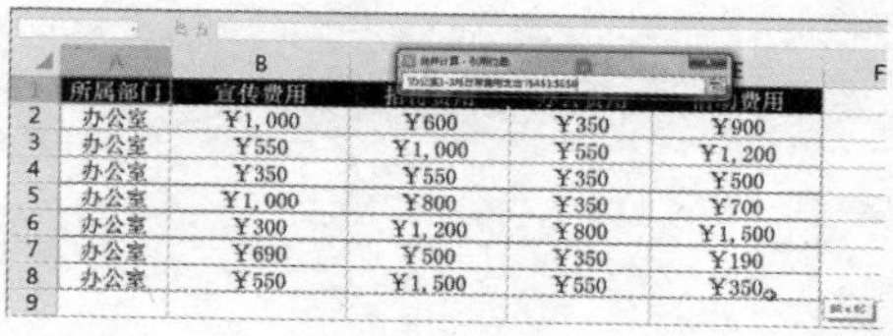

图7-37

随后回到"合并计算"窗口中，单击"添加"按钮，将上一步中选中的数据添加到"所有引用位置"中，如图7-38所示。

选"首行"和"最左列"复选框，如图7-39所示。

图7-39

此时，在"办公室2020年日常费用支出汇总"工作表中即完成对前三张工作表中数据的合并汇总，如图7-40所示。

图7-38

重复上述操作，将"办公室4-6月日常费用支出"和"办公室7-12月日常费用支出"工作表中的数据悉数添加至"所有引用位置"中。

最后，在"合并计算"窗口中勾

图7-40

Tips：

如果在"合并计算"窗口中不勾选"首行"和"最左列"复选框，则合并汇总的结果并不显示表格的首行和最左列。这也是"合并计算"功能要求进行合并的工作表的表头与最左列单元格内容要一致的原因。

Chapter8 WPS 表格中图表的应用

在 WPS 表格中，我们不仅可以灵活地制作各种类型的表格，还可以将工作表中的数据转换成不同类型的图表。图表可以直观、生动地展现表格中数据之间的复杂关系，更易于大家理解和交流。

8.1 图表的创建与编辑——制作"工厂季度产量统计表"

本节将学习如何创建与编辑图表，包括认识图表的类型以及与之相匹配的数据类型，创建图表、移动图表的位置，以及调整图表的尺寸、更改图表类型与数据源、调整图表布局等知识。

8.1.1 认识图表的类型

在WPS表格中制作图表之前，我们先了解一下在WPS表格中我们能建立什么样的图表。

（1）柱形图

柱形图是一种以长方形的长度为变量的、表达数据的统计报告图，由一系列高度不等的纵向长方形表示数据的分布。这种图表易于比较各组数据之间的差别。如图8-1所示，在WPS表格中柱形图分为簇状、堆积、百分比堆积三种形式。

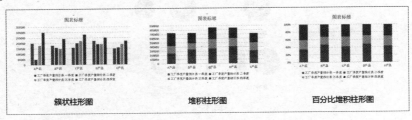

图8-1

（2）折线图

折线图以线段的升降来表达数值的变化，可以显示随时间变化而变化的连续数据。线段的上下波动便于有关人员了解数据的波动，比较适用于表现数据上升或下降的趋势。在WPS表格中，折线图分为普通折线图、堆积折线图、百分比堆积折线图、带数据标记的折线图、带数据标记的堆积折线图、带数据标记的百分比堆积折线图等，如图8-2和图8-3所示。

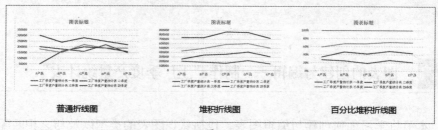

图8-2

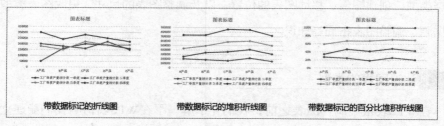

图8-3

（3）饼图

饼图是以一个圆形的总面积表示事物的总体全部或百分百，将其分割成若干个扇形来表示该事物各构成部分所占的比例。每个扇形代表总体中的每一部分，扇面的大小表示该部分的数值占比的多少。在WPS表格中，饼图大致分为普通饼图、复合饼图、复合条饼图和圆环图，如图8-4所示。

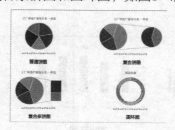

图8-4

（4）条形图

条形图的功能与柱形图相同，二者仅在方向与视觉表现上有一些区别。如图8-5所示，在WPS表格中，条形图也分为簇状、堆积、百分比堆积三种形式。

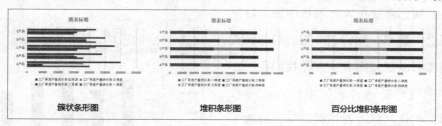

图8-5

（5）面积图

面积图可以理解为将折线图中用折线表示的数据波动以面积来表现。相对于折线图，面积图对数据的显示更加明显。如图8-6所示，在WPS表格中，面积图分为普通、堆积、百分比堆积三种形式。

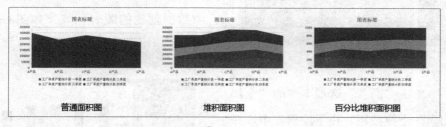

图8-6

（6）其他图表

在WPS表格中，除了上述几种主流图表之外，还有很多其他类型的图表，例如用来显示值集之间关系的XY散点图、用来查看股票走势的股价图、用于显示相对于中心点数值的雷达图、由两种图表组合而成的组合图等，如图8-7所示。

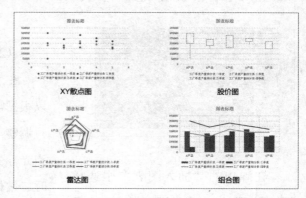

图8-7

8.1.2 创建与调整图表

（1）插入图表

我们需要在WPS表格中输入数据并选中数据，然后选择相应的图表类型才可以创建图表。首先我们在“工厂季度产量统计表”中输入相应数据，按住鼠标左键拖拽鼠标，框选工作表中的数据区域，如图8-8所示。

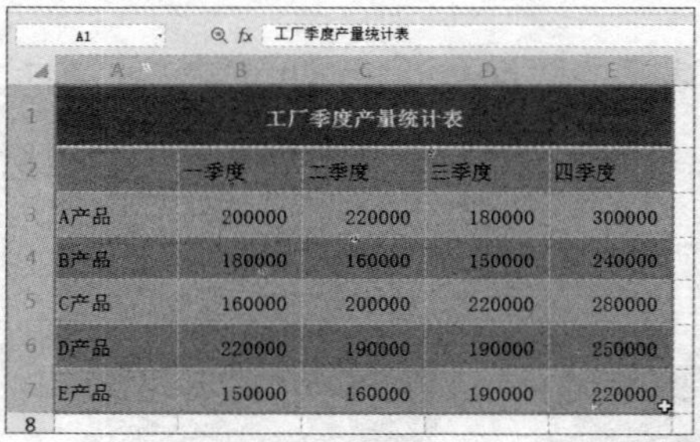

图8-8

单击“插入”选项卡中的“全部图表”下拉按钮，在下拉列表中选择“全部图表”，如图8-9所示。

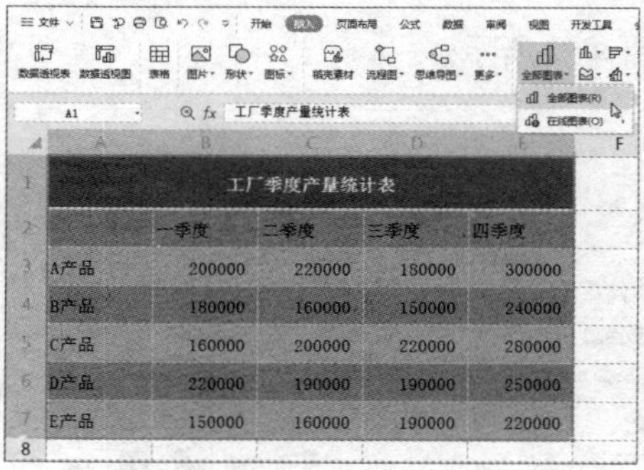

图8-9

在弹出的“插入图表”中选择“柱形图”，在三种图表样式中选择“堆积柱形图”，如图8-10所示。最后单击“插入”按钮表示确认插入图表。

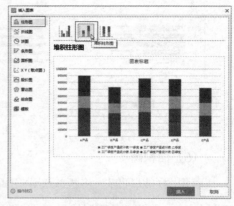

图8-10

此时工作表中已经插入根据选中数据创建的图表，效果如图8-11所示。

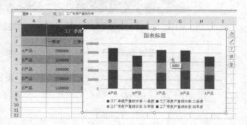

图8-11

（2）调整图表的位置和尺寸

在工作表中插入图表后，我们可以根据需要来对图表的位置和尺寸进行调整。将光标移至新建图表上方，当光标变为如图8-12所示的十字箭头时，按住鼠标左键拖拽，将图表移至

合适的位置后松开鼠标，即完成对图表的移动。

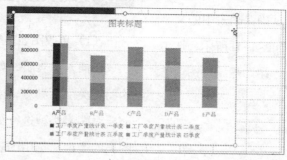

图8-12

Tips：

如果出现蓝色虚线框，则代表图表中的内容被选中了，这时我们无法移动图表。

如果觉得图表的尺寸不合适，我们也可以对其尺寸进行调整。将光标移至图表的四角控制点之一处，如图8-13所示。

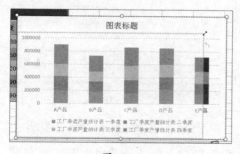

图8-13

如果我们直接按住鼠标左键移动控制点，就会发现图表失去了原有比例，如果我们按住"Shift"键，再按住鼠标左键拖动图表的控制点，则能

够等比例调整图表的尺寸。

调整完图表的尺寸后，我们能发现，虽然图表中的绘图区缩小了，但图表中文字的字号大小并没有发生变化，原有的"工厂季度产量统计表三季度"和"工厂季度产量统计表四季度"两行图例由于绘图区比例缩小发生了显示丢失，如图8-14所示。

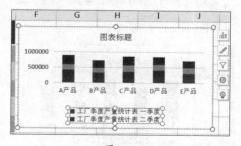

图8-14

此时，我们需要将图表中的文字进行缩小操作，以确保图表中的文字信息全部显示。如图8-15所示，选中图表中的图例项，在"开始"选项卡中选择"减小字号"选项。

图8-15

多次点击该按钮后，图表中的图例项字体缩小，四行图例项显示了出来，如图8-16所示。

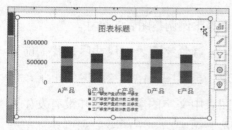

图8-16

此时的图例项和标题略有重合，我们将光标移至图例项之上，当光标变为如图8-17所示的十字箭头时，即可对图例项进行移动。

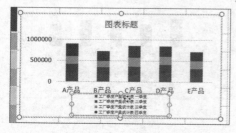

图8-17

8.1.3 更改图表类型或数据源

（1）更改图表类型

在插入图表后，如果我们对当前的图表类型不满意，或由于某些原因需要对图表类型进行更换，可以更改图表的类型。选中图表后，在图表空白处单击鼠标右键，如图8-18所示，在弹出的列表中选择"更改图表类型"选项。

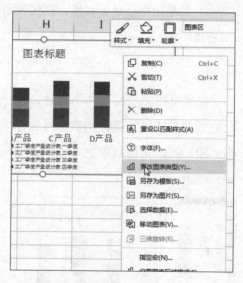

图8-18

例如，在弹出的"更改图表类型"窗口下方选择"饼图"，并在右侧列表中选择"复合条饼图"，随后在下方选择一种饼图样式，如图8-19所示。

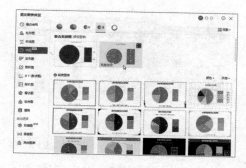

图8-19

单击"确定"按钮，此时本例中的堆积柱形图已经变为复合条饼图，效果如图8-20所示。

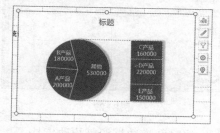

图8-20

（2）更改图表数据

当我们需要更改工作表中的图表数据时，可以借助工作表中的表格对图表进行修改。在本例中，我们需要将"A 产品"在"二季度"的产量修改为"500000"，如图8-21所示。

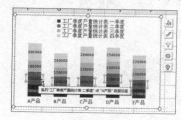

图8-21

此时我们选中工作表中"A 产品"所在的第3行和"二季度"所在的C列相交的C3单元格，在单元格内修改数据为"500000"，如图8-22所示。

图8-22

按"Enter"键确认数据，随后我们就能看到工作表中的图表随着表格内数据的更改发生了变化，如图8-23所示。

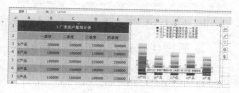

图8-23

（3）更改图表数据源

在本例中，如果我们只想在图表中表现两个季度的产量，那么，我们需要对图表的数据源进行更改。选中图表，在"图表工具"选项卡中单击"选择数据"按钮，如图8-24所示。

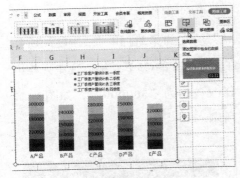

图8-24

在弹出的"编辑数据源"窗口中，单击"图表数据区域"文本框右侧按钮，如图8-25所示。

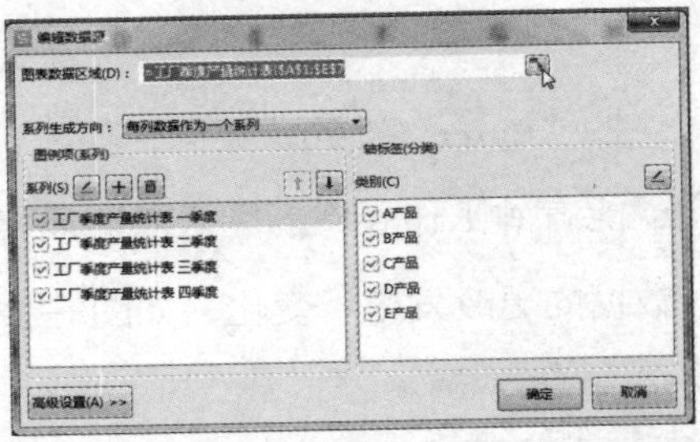

图8-26

如图8-27所示，此时返回到"编辑数据源"窗口，单击"确定"按钮。

图8-27

这时图表数据源就更改完毕了，如图8-28所示。

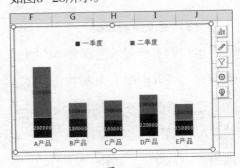

图8-25

随后按住鼠标左键拖动选中的表格中需要的数据区域，如图8-26所示，我们选中代表前两个季度的产品产量数据区域A2至C7单元格，随后点击"编辑数据源"文本框右侧按钮。

图8-28

8.2 图表的布局与美化——制作"2020年度校园招聘数据表"

创建图表并进行必要的编辑后，我们就可以根据工作表的性质与自己的喜好，对图表的布局与样式进行美化了。我们在美化图表时，不仅可以设置图表的布局与格式、设置图表的整体样式、设置绘图区样式和数据等的显示颜色，还可以为图表添加背景。

8.2.1 调整图表布局

WPS表格中的图表由许多布局元素组成，包括坐标轴、标题、图例项等。通常在完成图表的创建后，需要对图表中的布局进行调整，这不仅能使图表更加清晰地表达数据关系，还能使整体看起来更加美观、整洁。

（1）快速布局

我们通过该功能的名称可以看出，此方式追求效率，利用 WPS表格中系统自带的布局方式实现快速布局。

首先我们将数据以表格的方式呈现，并建立与"2020年度校园招聘数据表"相匹配的堆积条形图。

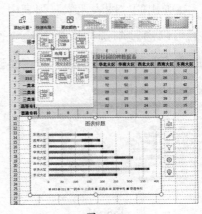

图8-29

选中图表，单击"图表工具"选项卡中的"快速布局"下拉按钮。随后，在下拉列表中选择"布局 1"选项，如图8-29所示。

此时被选中的图表即刻应用该布局选项，效果如图8-30所示。

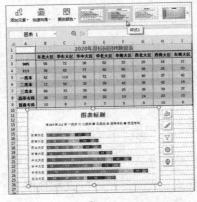

图8-30

8-32所示。

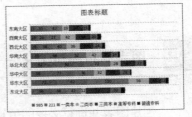

图8-32

8.2.2 设置图表布局格式

（2）自定义布局

如果"快速布局"中的布局选项不能满足我们的要求，我们可以对布局进行自定义操作。选中图表，在图表右侧显示的五个小图标中选择第一个——"图表元素"图标。

在弹出的"图表元素"列表中，我们可以通过勾选与取消勾选复选框的方式，对图表布局进行自定义设置，如图8-31所示。

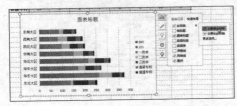

图8-31

对图表的布局进行自定义设置后，单击工作表任意空白区域即可完成自定义布局设置，最终效果如图

（1）标题格式

在对图表的布局元素进行设置后，我们需要对布局元素的格式进行设置，使图表看起来更加统一和美观。首先，我们选中图表中的标题，当其变为文本框形式后，按"Delete"键或"Backspace"键将原有标题删除，如8-33所示。

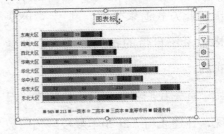

图8-33

删除原有标题后，输入"2020年度校园招聘数据表"，选中标题文本框，随后在"开始"选项卡中设置图表标题的字体为"微软雅黑"、字号为"14"，并选择"加粗"，最终效

果如图8-34所示。

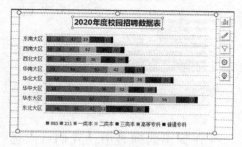

图8-34

（2）XY坐标轴格式

为图表添加XY坐标轴后，我们也需要手动对图表中的坐标轴进行格式设置。如图8-35所示，我们在Y轴坐标轴上单击鼠标右键，在弹出的列表中选择"设置坐标轴标题格式"选项。

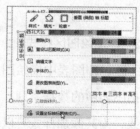

图8-35

由于 WPS 表格默认的Y轴标题文本显示方式不利于阅读，所以，我们重新进行设置，如图8-36所示，在右侧弹出的"属性"窗口中选择"文本选项"选项卡。

选择"文本框"选项后，在"文字方向"中选择"竖排"选项。

图8-36

单击"属性"窗口右上角关闭按钮，关闭该窗口。此时，图表中的Y轴标题已经更改为竖排显示了，我们可以删除原有文字，输入"大区名称"，如图8-37所示。

图8-37

（3）坐标轴数值范围

对XY坐标轴进行格式的更改后，我们还可以对其进行数值范围的设置，使图表中数据的对比更加明显。双击X轴，打开"属性"窗口，选择"坐标轴选项"选项卡中的"坐标轴"选项。

在"坐标轴选项"下的"最小值"中输入数值"3"，在"最大

125

值"中输入数值"380",如图8-38
所示。

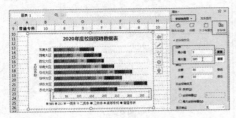

图8-38

此时，图表中的X轴数值从"3"
开始，至"380"结束，图表中的数
据对比更加明显了，效果如图8-39
所示。

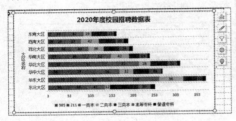

图8-39

8.2.3 设置图表样式

（1）添加整体样式

创建和编辑好图表后，我们就
可以根据自己的喜好来设置图表的样
式、外观了。选中图表后，单击图表
右侧的五个图标中的第二个——"图
表样式"按钮，如图8-40所示。

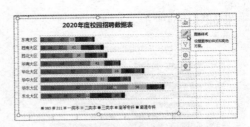

图8-40

在弹出的列表中，我们可以选
择自己喜欢的图表样式，单击即可应
用，如图8-41所示。

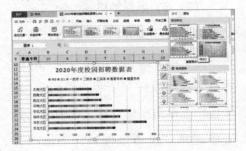

图8-41

（2）添加绘图区样式

绘图区，即图表中描绘图形的区
域，包括图表中的数据系列、坐标轴
和网格线，为其添加样式可以令图表
更具美观性。选中图表后，在"图表
工具"选项卡中点击"图表区"下拉
按钮，如图8-42所示。

图8-42

在下拉列表中选择"绘图区"，如图8-43所示。

图8-43

图8-44

点击"绘图工具"选项卡中的"填充"下拉按钮，在弹出的列表中选择颜色，在本例中我们选择"白色，背景1，深色15%"，如图8-44所示。

最终效果如图 8-45所示。

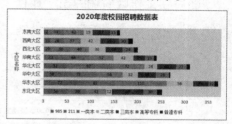

图8-45

Tips：

绘图区的样式填充不仅能填充纯色，还可以填充渐变色、图案、图片或纹理，快去"填充"下拉列表中试试吧！

（3）设置数据系列颜色

作为承载数据表现的主体，数据系列是图表中最重要的部分。设置数据系列颜色，不仅可以增加图表的美观度，还可以让数据更醒目、直观。

首先，我们选中图表中的某一段数据系列，在"绘图工具"选项卡中点击"填充"下拉按钮，在下拉列表中选择"渐变"，如图8-46所示。

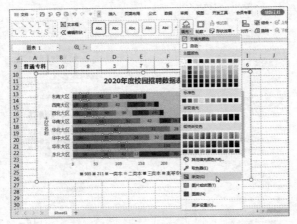

图8-46

随后在工作区右侧弹出"属性"窗口，在"填充与线条"选项卡中选择"填充"→"渐变填充"，并设置"渐变样式"和"色标颜色"，如图8-47所示。

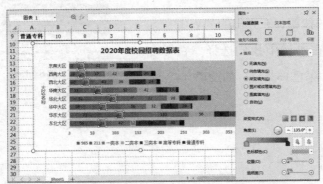

图8-47

最后关闭"属性"窗口，数据系列的颜色就设置完毕了，效果如图8-48所示。

图8-48

8.3 数据透视表与透视图——制作"客户订单预付款统计表"

当作为数据源的工作表符合创建数据透视表的要求——数据内容存在分类时，我们就可以在WPS表格中创建数据透视表了。本节我们主要围绕创建与编辑数据透视表、添加与管理数据透视表中的字段、移动与删除透视表、更新数据透视表中的数据、使用切片器等知识进行讲解。

8.3.1 创建数据透视表

（1）创建数据透视表

创建数据透视表的目的是分析表格中的数据，所以我们要根据分析的目的来创建和编辑数据透视表。

首先，我们在"客户订单预付款统计表"中录入数据。

选中工作表中的数据区域，如图8-49所示，随后在"插入"选项卡中点击"数据透视表"按钮。

图8-49

在弹出的"创建数据透视表"窗口中单击"确定"按钮，如图8-50所示。

图8-50

此时，工作簿中会自动创建一个新的工作表，如图8-51所示，本例中

自动创建了一个名为"Sheet1"的工作表。在该工作表的最右侧"数据透视表"窗口中，则是新建数据透视表的基本框架。

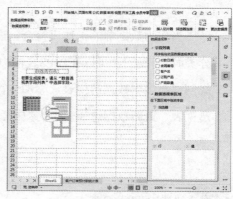

图8-51

 Tips:

在初始基本框架中，可以通过单击"数据透视表 1"范围内的单元格调出"数据透视表"窗口。

（2）为数据透视表添加字段

在本例中，新建的数字透视表是空白的，这是因为我们没有添加字段。接下来我们将为大家介绍添加字段的方式。在"Sheet1"工作表的右侧"数据透视表"窗口中，我们先尝试勾选"字段列表"中的所有复选框，如图8-52所示。此时我们能够发现，有些数据如果由系统自动识别的话会有误差。

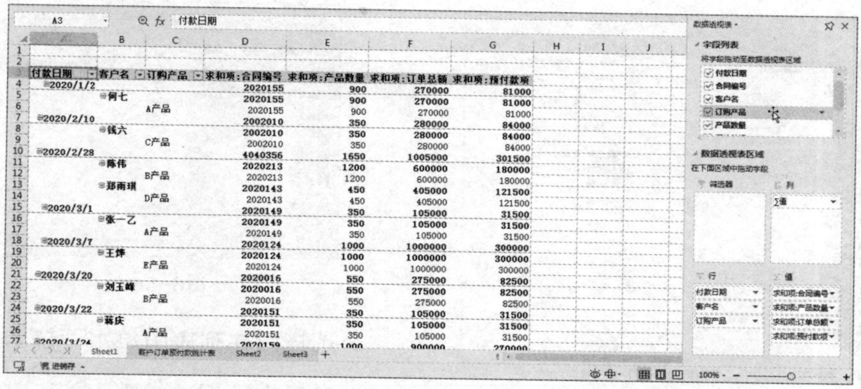

图8-52

取消全部复选框，将"订购产品"复选框拖拽至"筛选器"列表中，此时数据透视表中出现了"订购产品"与"（全部）"单元格，如图8-53所示。

图8-53

将"客户名"复选框拖拽至"行"列表中，此时数据透视表中出现了以"客户名"为行名的新的列，如图8-54所示。

图8-54

然后将"产品数量""订单总额""预付款项"复选框拖拽至"值"列表中，如图8-55所示，这时，根据我们的操作，"Sheet1"工作表内会生成正确的数据透视表。

图8-55

此时，我们单击"筛选器"区域的"订购产品"字段的下拉按钮，如图8-56所示，在展开的列表中，我们可以选择任意一款产品。

图8-56

选择后在列表中单击"确定"按钮，随后在数据透视表中就可以单独查看某一款产品的信息了，如图8-57所示。

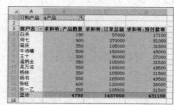

图8-57

8.3.2 编辑数据透视表

（1）设置值字段的数据格式

我们在为数据透视表中添加字段后，发现原有工作表中的数据格式被清除了，如图8-58所示，这时我们需要为数据透视表设置字段的数据格式。

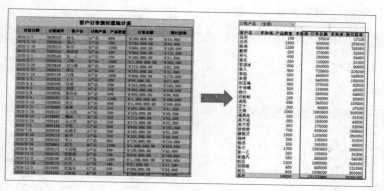

图8-58

在右侧的"数据透视表"窗口中找到需要设置数据格式的字段——"求和项：订单总额"，单击此字段的下拉按钮，如图8-59所示。

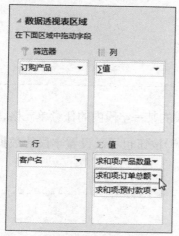

图8-59

在下拉列表中，选择"值字段设置"选项，如图8-60所示。

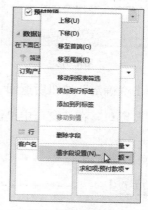

图8-60

随后，弹出"值字段设置"窗口，在该窗口中单击"数字格式"按钮，如图8-61所示。

图8-61

在弹出的"单元格格式"窗口中的"分类"选项栏中选择"货币"选项，将"小数位数"设置为"0"，如图8-62所示。

图8-62

单击"确定"按钮后返回"值字段设置"窗口，在该窗口中单击"确定"按钮。

此时回到了数据透视表，我们可以发现"求和项：订单总额"一列中的数据都改变了数据格式，如图8-63所示。

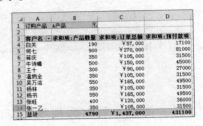

图8-63

最后我们将"求和项：预付款项"也使用相同的方法设置数据格式。

在数据透视表中，选择需要设置值字段的某一字段内的任意单元格，随后在"分析"选项卡中选择"字段设置"按钮也可以设置字段的数据格式。

（2）设置字段分类汇总效果

除了一般类型的数据透视表外，我们还可以根据对"行"字段的设置将数据透视表做成分类汇总的效果。

在上一步操作的基础上，我们将位于"筛选器"中的"订购产品"字段拖拽至"行"字段中，如图8-64所示。

图8-64

此时我们发现整个透视表以"客户名"作为主列，信息非常分散，如图8-65所示。

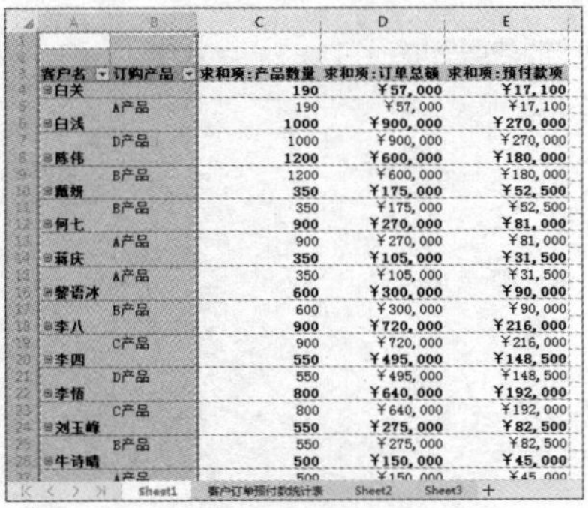

图8-65

我们在"数据透视表"窗口的"行"字段中，将"客户名"与"订购产品"拖拽换位，如图8-66所示。

图8-66

此时，带有分类汇总的数据透视表就做好了，最终效果如图8-67

所示。

图8-67

（3）设置值字段的汇总方式

在数据透视表中，值字段的汇总方式有很多，在前文中，我们介绍了常用的"求和"汇总，接下来我们讲解其他类型的汇总方式。

首先，我们在"订购产品"所在的 A 列中选中任意单元格，在单元格上单击右键，在弹出列表中选择"字段设置"，如图8-68所示。

图8-68

随后在弹出的"字段设置"窗口中，先将"分类汇总"勾选为"自定义"，接着在下方列表中选择"计数"，如图8-69所示。

图8-69

点击"确定"按钮，此时数据透视表中显示了每种产品的订单数量，如图8-70所示。

图8-70

Chapter9 初识 WPS 演示

本章我们将了解WPS演示的基本操作，包括新建与批量新建幻灯片、删除与批量删除幻灯片、幻灯片页面设置、在幻灯片中插入文本框、演示文稿文件的保存、为演示文稿设置模板与主题。学习WPS演示基础操作，能够为我们之后的进阶奠定良好的基础。

9.1 新建与编辑幻灯片——制作"公司可承接业务总览"

在制作演示文稿之前，我们要知道如何新建组成演示文稿的每一页幻灯片，如何设置幻灯片的尺寸，以及移动、删除与隐藏等基础操作。

9.1.1 初始界面与幻灯片尺寸设置

打开WPS Office，进入WPS Office的初始界面。在这个界面中，我们要着重了解"新建"功能和"最近"功能。

首先，点击"新建"按钮，在弹出的"新建"选项中选择"演示"，如图9-1所示。

图9-1

这时，在下方的"推荐模板"中选择一个任意模板就可以开始制作新的演示文稿了。

当然你也可以直接点击"新建空白演示"，在初步选择"新建空白演示"时， 在该选项下方有三个默认的背景颜色选项，大家可以根据自己的PPT的风格进行选择，如图9-2所示。

图9-2

当我们打开并制作演示文稿时，幻灯片默认的尺寸为16:9，这一比例用于大部分办公场合。不过在一些特定的场合中，PPT的尺寸需要根据放映工具进行调整。

新建演示文稿后，在"设计"选项卡中点击"幻灯片大小"下拉按钮。此时，我们可以看到WPS演示的两种默认设置，标准4:3 和宽屏16:9，如图9-3所示。

图9-3

如果这两种默认尺寸不符合放映工具的要求，那么在"幻灯片大小"

下拉选项的最底部有一个"自定义大小"，点击该按钮，即可在弹出的窗口自行设置幻灯片的大小，如图9-4所示。

图9-4

9.1.2 快速改变幻灯片的顺序 / 删除幻灯片

当需要改变幻灯片顺序的时候，我们只需在幻灯片预览区对幻灯片缩略图进行拖拽便可轻松改变幻灯片的顺序。如果想把第二张幻灯片的顺序改为第三张，直接拖拽第二张幻灯片到第三张幻灯片下即可，如图9-5所示。

图9-5

如果需要多次调整幻灯片的顺序，或者调整幻灯片的顺序的跨度很大,一张一张地拖拽很费力时,我们可以点击幻灯片状态栏中的"幻灯片浏览",使幻灯片以缩略图平铺的方式全部显示在整个界面中,如图9-6所示,在此界面内用鼠标拖拽想要改变顺序的幻灯片,既直观又方便。

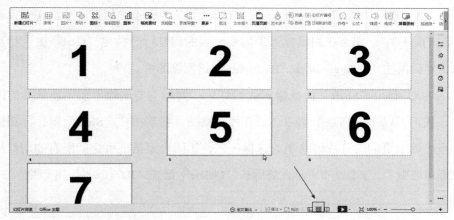

图9-6

并且,在幻灯片浏览界面中可以使用状态栏中的"幻灯片缩放"功能,如图9-7所示。这样无论有多少张幻灯片,都可以在同一界面内显示,从而达到轻松排序的目的。

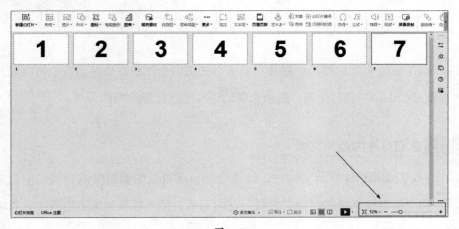

图9-7

最后,想要退出幻灯片浏览模式时,只需点击幻灯片状态栏中的"普通视图"按钮即可将幻灯片恢复为普通视图。

删除幻灯片的操作相对来说更为简单,而且与创建幻灯片有相似之处,大家可以结合快速创建幻灯片进行操作，这样记忆效果会更好。

（1）删除单张幻灯片：选中幻灯片缩略图，然后直接按"Delete"键或"Backspace"键删除。

（2）利用"Ctrl"键批量删除幻灯片：如果要删除的幻灯片穿插在无须删除的幻灯片中，那么在用鼠标点击需要删除的幻灯片时按住"Ctrl"键进行加选，然后再按"Delete"键或"Backspace"键删除即可。

（3）利用"Shift"键批量删除幻灯片：假如需要删除下图中连续排的图片，我们可以用鼠标点击第四页幻灯片缩略图，接着按住"Shift"键，再用鼠标点击第七页的幻灯片缩略图，这样一来，第四页至第七页之间所有的幻灯片就都被选中了，如图9-8所示，最后按"Delete"键或"Backspace"键删除。

图9-8

（4）删除全部幻灯片：删除当前演示文稿中全部幻灯片时，我们可以使用快捷键"Ctrl+A"进行全选，选中全部幻灯片后进行删除操作即可。

9.1.3 在幻灯片内添加文本

当我们编辑PPT演示文稿时，往往会在当前页面的编辑区内看到"空白演示"和"单击输入您的封面副标题"这两句话，把光标移到文本内容上，可编辑该文本，如图9-9所示。

图9-9

用鼠标点击文本，在文本上方会出现一条闪烁的竖线——这条竖线叫作"文本占位符"。而由8个点支撑的、内含文本占位符的矩形叫作文本框，如图9-10所示。

图9-10

我们了解了这两个文本框的作用之后，第一件事就是框选两个文本框，然后按"Delete"键或"Backspace"键删除，如图9-11所示。

图9-11

本节我们要制作"公司可承接业务总览"这一演示文稿，制作演示文稿的第一步是制作演示文稿的标题页。如图9-12所示，在"开始"选项卡中，点击"文本框"下拉按钮。在展开的"预设文本框"下拉选项中，有两种文本框形式：一种是"横向文本框"，另一种是"竖向文本框"。另外，还有许多模板可供大家挑选。

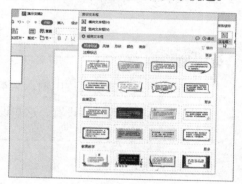

图9-12

点击"横向文本框"按钮后，在演示文稿的编辑区按住鼠标进行拖拽，拖拽时光标会变成十字形，并产生一个表示文本框面积的矩形，如图9-13所示。松开鼠标后，则建立了一个文本框，鼠标光标也会变为正常状态。随后即可在文本框中输入演示文稿的标题文字。

图9-13

建立文本框的另外一种方法：点击功能区中的"插入"选项卡，随后点击"文本框"，如图9-14所示。

其下拉选项中可选择文本框的文字方向，点击后在编辑区拖拽鼠标即可建立文本框。

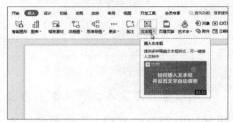

图9-14

Tips：

在演示文稿的幻灯片中输入文本后，我们还可以对字体、字号、段落格式、字体颜色等进行设置，这些设置方式与WPS文字应用部分差不多。

9.1.4 隐藏幻灯片

如果一个幻灯片需要在两种场合播放，而两种场合要展示的页数不同，分成两个PPT又太麻烦，那么隐藏幻灯片这一功能就派上用场了。

首先，选中要隐藏的幻灯片，点击"放映"选项卡中的"隐藏幻灯片"选项。如图9-15所示，点击之后按钮颜色变深，那么就代表这一页幻灯片在演示文稿放映的时候不会被播放。

图9-15

还有一个确认该页幻灯片是否被隐藏的方法，那就是看幻灯片预览区，如果隐藏的幻灯片左上角的页码显示为被划掉了，如图9-16所示，就能够确定该页幻灯片已经被隐藏了。

图9-16

如果想要取消隐藏幻灯片也很简单，只需重复前面的步骤，点击"隐藏幻灯片"按钮后，该按钮颜色变浅，并且在幻灯片预览区的页码显示数字变得正常，那么该页幻灯片就取消隐藏了。

9.2 幻灯片母版与辅助功能——制作"公司内部培训演示文稿"

9.2.1 批量制作幻灯片背景

我们在"公司内部培训演示文稿"输入文字并调整好格式后，就可以为演示文稿设置背景了。在一开始新建幻灯片时，我们可以选择三种默认背景色。不过，我们在制作幻灯片的时候，会不会觉得只有三种背景色，看多了有些枯燥呢？想设置不一样的背景就接着往下看吧！

点击"设计"选项卡中的"背景"下拉按钮，还可为当前页幻灯片设置填充背景，如图9-17所示。

图9-17

如果"背景"下拉列表中的选项不能满足设计需求的话，则点击下拉列表中下方的"背景"，在幻灯片工作区右侧的"对象属性"窗口中，可以选择纯色、渐变、图片或纹理以及图案填充等，还可以设置透明度，如图9-18所示。

图9-18

在窗口的最下方，还有一个"全部应用"按钮，点击该按钮后，则当前演示文稿中的所有幻灯片背景都变成现在设置的背景了。

9.2.2 制作幻灯片母版

在制作公司内部演示文稿时，通常会在每页幻灯片中插入公司名称或标识、日期等信息，并且，要保证整个演示文稿的风格统一。此时如果一页一页地插入公司名称等信息，不仅过于麻烦，还很难做到每页幻灯片都协调一致，这必将导致整个PPT没有中心，没有亮点，给观众带来乱七八糟的感觉。前文中说到设置幻灯片背景时能够完美解决幻灯片背景不统一的问题，那么如果还想一键加入公司标识和名称等元素，我们就可以制作幻灯片母版来解决这一问题。

点击"视图"—"幻灯片母版"后，如图9-19所示。

图9-19

单击"幻灯片母版"按钮后，弹出"幻灯片母版"选项卡，在幻灯片预览区，我们能看到很多默认的母版样式，如图 9-20所示。

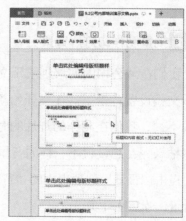

图9-20

点击"幻灯片母版"选项卡下的"背景"，如图9-21所示，在幻灯片右侧的窗口中即可设置母版背景。

图9-21

我们也可以在母版中设置每一页都需要显示的文字内容或图片内容。首先，我们将该页幻灯片母版中的文本框全部删除，然后把文本框插入想加入文字或图片的地方，我们在幻灯片页面的右下角插入一个"仅供内部使用"的文本框，如图9-22所示。

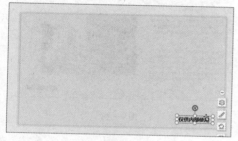

图9-22

最后，点击"幻灯片母版"选项卡中的"关闭"选项，完成幻灯片母版的保存，如图9-23所示。

图9-23

随后我们就能够看到刚刚制作完成的幻灯片母版中便出现在当前演示文稿的每一页中了。并且，之后新建的每一页幻灯片的背景都是母版的样式，在母版中设置的文本框或其他元素在普通视图中是不可更改的。如若更改母版中的元素，就要再次切换到

"幻灯片母版"选项卡中进行设置。

9.2.3 为幻灯片添加模板

我们可以借助WPS演示自带的模板方案来为演示文稿进行装饰。在你已经制作好一个演示文稿但苦恼于如何配色时，可以利用一些适合该演示文稿的模板来进行装饰。

首先，点击"设计"选项卡，在选项卡中能够看到部分模板，如图9-24所示。

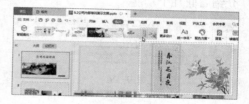

图9-24

点击"更多设计"，在展开的列表中，我们可以选择一款与"公司内部培训"演示文稿最贴切的主题，如图9-25所示。

图9-25

9.2.4 标尺、参考线等辅助功能

在WPS演示中，用户可以根据自己的使用习惯来选择辅助功能，比如标尺、参考线或网格线等。通过这些辅助功能来辅助制作演示文稿，一是排版更加方便，二是节省了将各种元素分别对齐所花费的时间。

如图9-26所示，打开"视图"选项卡，该选项卡中的选项较多，大家如果感兴趣可以自行尝试。这里着重介绍后面几个功能。

图9-26

（1）网格线

如图9-27所示，点击选中"网格和参考线"，即刻弹出"网格线和参考线"窗口。

图9-27

勾选"屏幕上显示网格"选项，随后点击"确定"按钮，就能够在幻灯片中看到网格线了。网格线是不可移动与改变的，因此，在制作幻灯片时，我们可以利用网格线对内容的形状与位置进行排列，也可根据网格线来调整形状和图片的大小，如图9-28所示。

图9-28

（2）参考线

点击"网格和参考线"按钮，在弹出的窗口中勾选"屏幕上显示绘图参考线"，然后点击"确定"按钮，屏幕中即出现一横一纵两条中心交叉的虚线，也就是参考线。参考线更多地用于图片或文本框的排列。在页面中的形状和文本框可以依据某一条参考线来排列，比如以该参考线为基准向左对齐。同时，参考线还可以将页面中的文字与图片进行比例划分。无论是按照黄金分割比例来划分页面，还是将页面三等分等，都能利用参考线来实现。参考线可以用鼠标左键拖

动、移动，如图9-29所示。

图9-29

如果想多加一条参考线，按住
"Ctrl"键，按住鼠标左键拖动当前
幻灯片中原有的参考线，松开鼠标后
会出现一条新的参考线，如图9-30
所示。

图9-30

如果想删除参考线，将参考线拖
动到幻灯片编辑区外即可。

（3）标尺

在"视图"选项卡中勾选"标
尺"，幻灯片编辑区上方立刻出现一
条横向的"尺"，如图9-31所示。

图9-31

选中文本框中文本内容的某一
行，标尺上即刻出现可用来做调整的
浮标，拖动浮标就可以调整选中的一
行文本的位置，如图9-32所示。

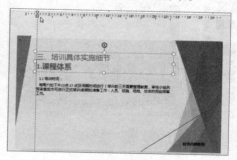

图9-32

9.2.5 格式刷

为了让演示文稿更加美观，我
们常常需要在演示文稿的文字内容、
图形、配色等细节上下功夫，一份优
秀的、风格明显的演示文稿需要统一
标题格式、文字格式、图形格式，甚
至需要统一动画格式。那么，如何才
能将这么多元素格式快速实现统一

呢？我们可以用WPS演示中的"格式刷"，把想要复制的元素格式快速地复制到另一个对象中，真正地快速实现统一。

在接下来的例子中，我们将以图片格式为例，讲解格式刷的使用。

首先，选中要引用格式的对象，打开"开始"选项卡，选择"格式刷"按钮，此时，光标会变为带有小刷子的形态，如图 9-33所示。

在幻灯片工作区内，单击要应用新格式的对象，则可以看到原来没有应用格式的图片也被应用了与前面图片相同的格式，如图9-34所示。格式刷可以在同一幻灯片页面中刷格式，也可以在不同的页面中刷格式。不过，格式刷仅限于相同类型的对象之间互刷格式，例如图片与图片之间、文字与文字之间，而图片与文字之间不能互刷格式。

图9-33

图9-34

Tips:

一遍一遍复制格式太麻烦？其实，我们可以实现连续刷格式的操作。选中要引用格式的对象后，双击"格式刷"按钮，接下来不管刷几遍格式，格式刷也不会消失。

Chapter10 幻灯片中的图片与图形

10.1 在幻灯片中插入图片——制作"新产品宣传推广演示"

比起文字，图片能给人带来更加直观的视觉感受。那么，如何将图片插入到幻灯片中，让我们的演示文稿更具有吸引力呢？我们又该如何在WPS 演示中对图片进行编辑与美化呢？接下来我们就以制作"新产品宣传推广演示"为例，来讲解图片的插入、裁剪与美化等操作。

10.1.1 插入与编辑图片

（1）插入图片

首先，我们需要制作一个封面页，点击"插入"选项卡，点击"图片"下拉按钮。在下拉选项中我们可以看到有三个选项：本地图片、分页插图和手机传图等，如图10-1所示。

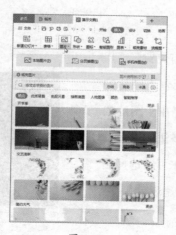

图10-1

单击"本地图片"按钮，弹出"插入图片"窗口，选中需要插入的图片，单击"打开"按钮，如图10-2所示。

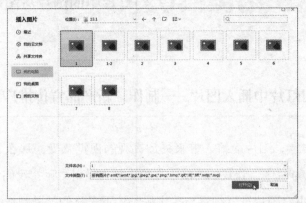

图10-2

可以看到，选中的图片已插入幻灯片中，如图10-3所示。

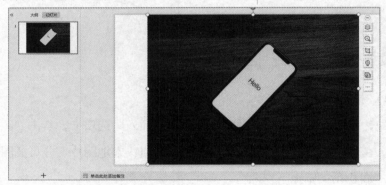

图10-3

（2）调整图片大小与位置

插入图片后，将光标置于图片的控制点上。控制点除了存在于图片的四角之外，还存在于每条边的中点，如图10-4所示。这时，你可以选择用哪个控制点来控制图片的呈现效果。

图10-4

将光标移至图片上方，当光标变为十字形时，按住鼠标左键并拖动即可移动图片，如图10-5所示。

图10-5

（3）旋转与翻转图片

有时图片的角度或许不贴合幻灯片的内容，为了使图片更贴合幻灯片的内容，我们可以将图片进行旋转与翻转。首先我们在演示文稿的首页再次插入一张图片并保持图片的选中状态。

打开"图片工具"选项卡，找到"旋转"按钮，点击其下拉按钮，在下拉列表中我们就能够选择对图片进行旋转或翻转处理。

点击"旋转"下拉列表中的"水平翻转"，则图片会在水平方向进行翻转，效果如图10-6所示。

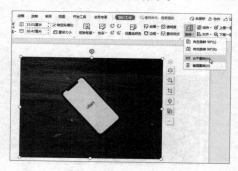

图10-6

旋转图片还有一种更快捷的方式，在选中图片后，图片上方会出现一个弧形箭头，如图10-7所示。

图10-7

只要我们用鼠标按住弧形箭头转动鼠标，图片就会按照鼠标转动方向旋转，松开鼠标后即成功旋转图片。

（4）调整图片的叠放次序

在制作演示文稿时，如果幻灯片内图片挡住了文字，应该如何将文字调整到图片的上面呢？首先选中要调整的幻灯片素材，在本例中，我们选中了位于最上方并且遮挡住下方文字的图片，在图片上单击右键，如图10-8所示。

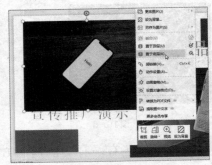

图10-8

在弹出的列表中，选择"置于底层"选项，文字立即显示在图片上。这时再改一下字体颜色，图片叠放次序的调整就完成了，如图10-9所示。

图10-9

（5）将图片组合/取消组合

在制作演示文稿时，你一定要知道这个功能：组合与取消组合。这一功能对元素、内容多的演示文稿非常有帮助。

选择一张图片，按住"Shift"键对其旁边的文本框进行加选。

第一种方法，在图片或文本框上单击右键，在弹出的列表中选择"组合"，如图10-10所示。

图10-10

选中的图片与文本框即结合成一组，如图10-11所示，这时再对其进行移动或复制等操作就非常方便了。

图10-11

第二种方法，选中两个对象后，选择"绘图工具"选项卡，随后点击"组合"下拉按钮，单击"组合"，如图10-12所示，也可以对当前选中项目进行组合。

图10-12

如果想要对当前选中组合进行分解，可在组合上单击右键，在弹出的列表中选择"组合→取消组合"，如图10-13所示。

图10-13

10.1.2 裁剪图片

在PPT演示文稿中，我们可以用到"裁剪"工具，根据需要对图片进行裁剪处理。

（1）将图片剪成特殊形状

在学习裁剪特殊形状之前，我们先要了解常规的图片裁剪。

选中图片，在"图片工具"选项卡中选择"裁剪"。进入裁剪面板后，我们能看到图片的8个控制点上出现了黑色矩形，将光标靠近这些黑色矩形，光标则变成如图10-14所示的"T"形或"L"形，这时就可以按住鼠标左键进行裁剪了。

图10-14

再次单击"裁剪"按钮，即可得到裁剪后的图片，如图10-15所示。

图10-15

矩形图片我们会裁剪了，但特殊形状的呢？除了单击"裁剪"按钮后可以在图片旁显示裁剪窗格外，我们还可以通过"裁剪"的下拉按钮对图

片进行裁剪。选中图片，单击"图片工具"→"裁剪"→"裁剪"，在展开的列表中可以看到很多形状，如图10-16所示。

图10-16

选择其中某个裁剪形状后，则能够得到图片的裁剪预览，如图10-17所示。

图10-17

如果感觉裁剪样式过于死板，我们也可以选择如图10-18所示的"裁剪"下拉选项中的"创意裁剪"，对图片进行裁剪。

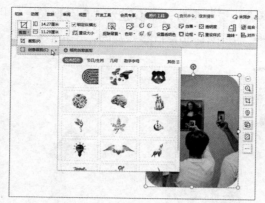

图10-18

（2）"剪掉"图片背景

　　对于一些图片背景杂乱，或者我们不需要图片中的背景时，需要去掉图片中的背景，以突出图片主题。

　　选中图片，单击"图片工具"→"抠除背景"下拉按钮， 如图10-19所示。

图10-19

155

此时弹出"抠除背景"窗口，点击进入"自动抠图"一栏，单击"一键抠图形"按钮，系统自动将图片背景抠除，如图10-20所示。

图10-20

调整完毕后，单击"完成抠图"按钮，可以看到图片的背景已经被抠除了，然后加入文字与点缀，一张独特的幻灯片就制作完成了，如图10-21所示。

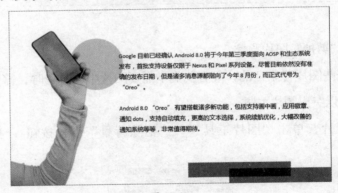

图10-21

Tips:

在"抠除背景"下拉列表中，"设置透明色"选项可以让选中区域的特定颜色变成透明，与"抠除背景"的效果相似。不过，这个功能要求图片的背景颜色单一，最好是对比度比较强的图片，这样效果才会好。若是背景复杂、对比度不够强烈的图片，还是建议用"抠除背景"来修改图片。

（1）制作对比强烈的图片

对于一张比较暗、看不清楚细节的图片，我们可以试着调整图片的亮度与对比度来改善图片，前后对比效果如图10-22和图10-23所示。

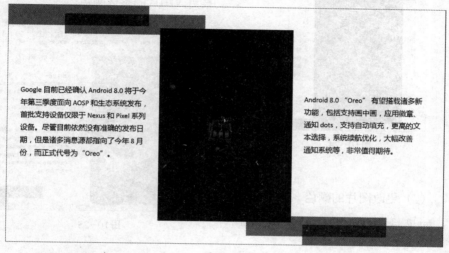

图10-22

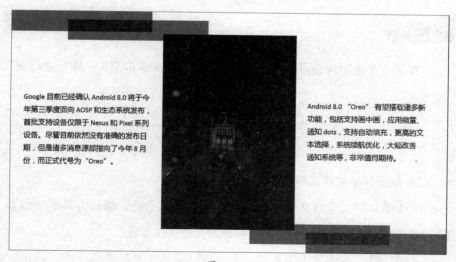

图10-23

选中图片，在"图片工具"选项卡中，通过"增加对比度""降低对比度""增加亮度""降低亮度"四个按钮对图片的对比度亮和度进行调整,如图10-24所示。

图10-24

(2) 更改图片的颜色

如果对PPT中图片的颜色不满意,我们可以考虑给图片换色。

选中图片,在"图片工具"选项卡中点击"色彩"的下拉按钮,在展开的列表中,选择"灰度",如图10-25所示,我们可以根据PPT的风格来更改图片的整体颜色。

图10-25

Tips:

如果有多张图片,可以按住"Shift"键,依次单击图片,即可进行图片多选。

(3) 给图片添加样式与边框

给图片添加样式与给文字添加样式有异曲同工之处,都是为其添加倒影、阴影、发光等样式。下面我们来为大家详细介绍操作步骤。

插入图片后,保持选中图片的状态,在"图片工具"选项卡中,点击"效果"下拉按钮。

在展开的列表中，我们选择"阴影"，在弹出的列表中的样式中选择"外部"→"向右偏移"按钮，如图10-26所示。

图10-26

即可在当前页面中看到图片效果，如图10-27所示。

从整体报告来看，OPPO、realme以及小米在四摄像头的应用上取得了领先的优势，而华为跟三星虽然看起来并没有落后多少，但实际上存在着大量的低端机型，目前还没有采用四摄像头设计，而苹果的iPhone没有任何一款手机是四摄像头的。换句话说，作为世界前三的智能手机厂商，华为、三星以及苹果在采用多摄像头这一点上是落后于行业的。

我们也知道不仅要提升硬件，同样还要软件算法升级，但这并不能够否认多摄像头带来的拍照体验，毕竟在华为P40pro+跟三星S20 Ultra这两款最顶级的拍照旗舰手机上都在采用着五摄像头，接下来苹果没有意外的话也会推出四摄像头的手机。究竟这一场手机摄像头升级大战能够延续多久，谁会成为最后的赢家，让我们拭目以待。

图10-27

我们也可以利用"图片工具"中的"边框"为图片添加边框，在"边框"下拉选项中，可以对图片的边框颜色、粗细以及边框样式进行设置，如图10-28所示。

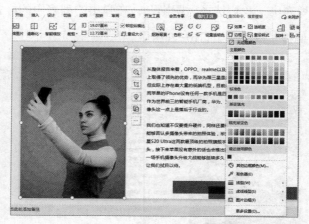

图10-28

10.2 绘制图形与智能图形——制作"项目流程说明"

这一小节将以"项目流程说明"为例，为大家介绍如何在PPT演示文稿中绘制图形。其实，使用WPS演示处理图形与图片的方法相似，下面将进行详细讲解。

10.2.1 绘制与编辑图形

（1）绘制基础图形

在WPS 2019 PPT演示文稿中，自选图形形状库的内容化更为丰富，更能满足PPT演示文稿制作者的需求。我们打开WPS PPT演示文稿并新建一张幻灯片，在"开始"选项卡中点击"形状"下拉按钮，就能看到如图10-29所示的形状库。

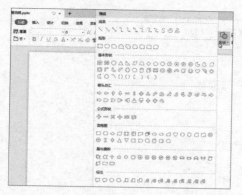

图10-29

或者点击"插入"选项卡,在该选项卡中也能够找到"形状"下拉按钮。在本例中,我们将在形状库中找一个适合做"项目流程说明"标题的形状。

如何绘制形状呢?举个例子,在列表中点击矩形选项,点击后光标变成了十字形,在幻灯片编辑区按住鼠标左键拖拽出一个矩形,如图10-30所示,松开鼠标后则得到一个画好的矩形。

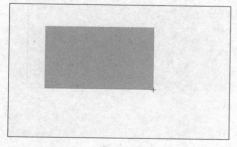

图10-30

如果想画一个正方形该怎么办呢?只要选择矩形形状,在幻灯片编辑区单击鼠标左键,即可得到一个正方形,如图10-31所示。圆形等其他形状,也是如此操作。

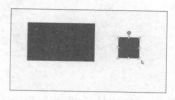

图10-31

当你觉得单击鼠标的方式画出来的图形太小时,可以选中你要画的形状,按住"Shift"键,用鼠标按住图形四个角的某个控制点,进行拖拽,这时你会发现,调整后的图形是按原比例放大了。

(2)合并形状

WPS PPT演示文稿的"合并形状"功能中,不仅有形状的合并,还包含了图形的结合、组合、拆分、相交和剪除。

新建图形后,选中两个图形,在"绘图工具"选项卡中点击"合并形状"下拉按钮,如图10-32所示。我们可以尽情地发挥想象,合并各种形状。

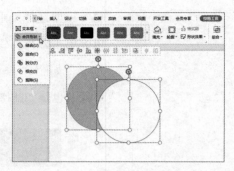

图10-32

值得注意的是，对两个形状进行合并操作时，图形合并后得到的形状与选择图形的先后顺序有关。

我们这样理解，先选中的图形可以看作是"底图"，后选中的图形则可看作是"上图"，我们在进行合并形状的操作时，都是在"底图"中对"上图"进行的操作。在图10-33中，我们将椭圆形与正方形相结合，来表现合并形状这一操作，以加深大家的理解。

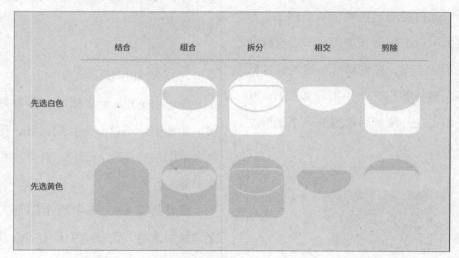

图10-33

10.2.2 设置图形样式

在WPS演示中创建图形时，默认图形样式一般都是填充浅蓝色，描边为深蓝色，为了不让图形单调，我们需要学会设置图形的样式。在本例中，我们设置完幻灯片的大标题后，接下来要对流程图设置一个背景。

（1）对图形进行填充

如图10-34所示，新建并选中图形，在"绘图工具"选项卡中的"填充"下拉选项里，选择图形的填充色。

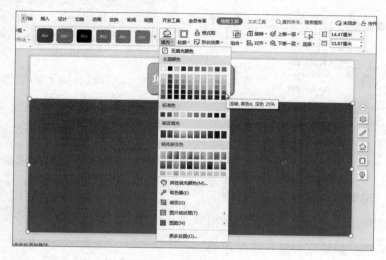

图10-34

填充色既可以是纯色，也可以是渐变色、纹理以及图案，如图10-35所示。

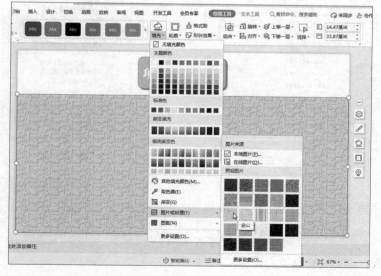

图10-35

163

（2）给图形"描边"

选中我们要调整的图形，在"绘图工具"选项卡中的"轮廓"下拉选项里，我们可以更改图形轮廓的颜色及粗细等，如图10-36所示。

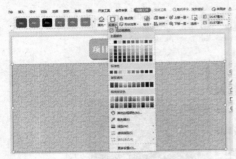

图10-36

在"轮廓"下拉选项的"线型"中，我们可以设置描边的粗细，如图10-37所示。如果觉得默认选项不够粗或细，我们可以点击下方的"其他线条"来进行自定义设置。

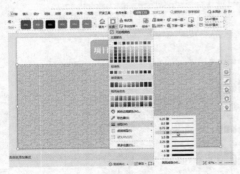

图10-37

在"轮廓"下拉选项的"虚线线型"中，我们可以对图形轮廓的样式进行设置，如图10-38所示。

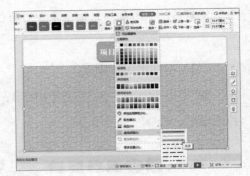

图10-38

如果觉得默认设置的图形轮廓的样式过于单调，还可以点击"轮廓"下拉列表中最下方的"更多设置"，如图10-39所示。选择此选项后，在幻灯片工作页面右侧会弹出"对象属性"窗口，在窗口中即可更改图形轮廓的样式。

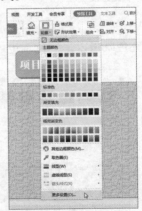

图10-39

如果我们不需要图形轮廓，那么点击"轮廓"下拉选项中的"无边框颜色"即可，如图10-40所示。

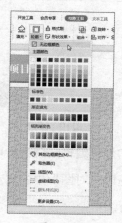

图10-40

图形后，随机点击一款图形样式即可
应用该样式。

图10-41

（3）快速更改图形样式

在WPS的PPT演示文稿中会内
置一些基础的图形样式，在制作PPT
时，使用内置图形样式会大大地节省
时间和提高效率。快速更改图形样式
操作与更改图片样式的操作基本相
同，现在我们就来看一看。

之所以称之为"快速"，是因为
快速更改图形样式的选项就在"绘图
工具"选项卡中最显眼的位置上，如
图10-41所示，选中想要更改样式的

点击图形快速样式下拉选项后可
看到有很多图形样式，每一列的图形
样式都不同（有的有边框，有的有渐
变效果，等等），可根据情况选择。
每一行的图形样式都是一样的，只有
填充颜色不同，如图10-42所示。

图10-42

Tips：

在可选择的快速样式缩略图中的"Abc"是表示在图形中添加文本的
样式，选中图形后可尝试输入文字。

10.2.3 合理利用智能图形

在WPS演示中，还有一种特殊图形叫作智能图形，智能图形是信息和观点的视觉表示形式，同时，它也如同将文字文本转化成更有助于读者理解、记忆的文档中的插图。不过，智能图形不适用于文字较多的文本。

在WPS演示中，提供了8种类型的智能图形，分别是列表、流程、循环、层次结构、关系、矩阵、棱锥图和图片。

点击"插入"选项卡，找到"智能图形"按钮，如图10-43所示。点击该按钮后，即可弹出"智能图形"窗口。

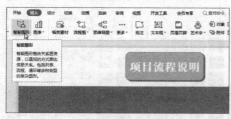

图10-43

在智能图形的类型窗口中选择最适合演示流程说明的"流程"后，在列表中选择一个合适的样式并单击，如图10-44所示。

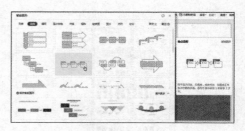

图10-44

在幻灯片编辑区就会出现该智能图形，这时可对图形中的文本和图形样式进行编辑。

选中智能图形，选项卡区域会自动弹出"设计"选项卡，在该选项卡的图形样式选项栏中，可以更改当前选中图形的样式，如图10-45所示。

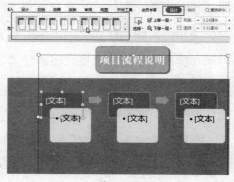

图10-45

在"更改颜色"下拉选项中，可以更改当前选中智能图形的整体颜色，如图10-46所示。

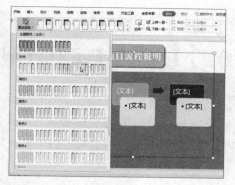

图10-46

如果要在图形中添加文本，直接在智能图形中的"[文本]"上单击鼠标左键即可开始输入文本，如图10-47所示。

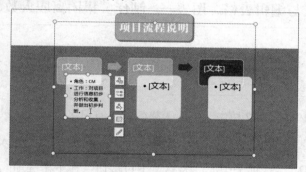

图10-47

如果选择的图形版式中子图形不够怎么办？可以点击"设计"选项卡中的"添加项目"下拉按钮，在下拉列表中选择所要添加形状的次序，即可添加形状，如图10-48所示。如果要删除形状，则直接选中要删除的形状，按"Delete"键删除。

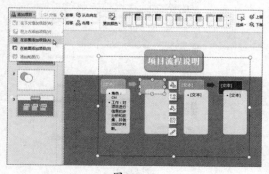

图10-48

Chapter11 在 WPS 演示文稿中应用表格与图表

虽然在日常的PPT演示文稿的制作中，图表就像是独立于PPT整个系统之外的一个功能，只在特定的场合能够使用，不过，能够用对图表、用好图表是判定我们能否成为一个合格的PPT演示文稿制作者的重要指标。

11.1 插入与编辑表格、图表——制作"集团离职人数趋势分析"

11.1.1 插入表格

在WPS的PPT演示文稿中，插入表格的方法有很多，大家可以根据自己的习惯来选择创建表格的方法。接下来，我们将为大家介绍常用的插入表格的方法。

点击"插入"选项卡中的"表格"下拉按钮，在下拉选项的矩形矩阵中，我们可以根据情况确定表格的行数与列数，我们选择"8 行*5 列"表格，如图11-1所示。

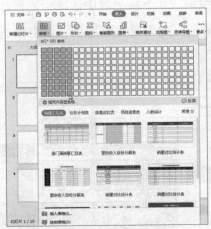

图11-1

在选定的位置点击鼠标，即可成功创建表格，如图11-2所示。

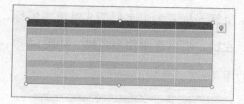

图11-2

在矩形矩阵中，可设置的表格行数与列数有限。我们还可以在"表格"下拉选项中，点击"插入表格"，如图11-3所示。

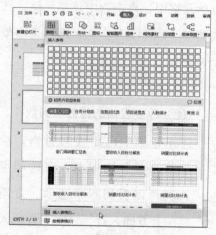

图11-3

在弹出的"插入表格"窗口中，进行行数与列数的设置，点击"确定"按钮，完成创建，如图11-4所示。想要精确设置表格的行数与列数时，可以使用此方式。

图11-4

如果创建的表格不符合需要，可对表格进行编辑。在编辑表格时，我们可以改变表格的行数与列数，也可以对表格的大小、行高与列宽进行调整。

（1）选中单元格

在编辑表格之前，我们要先学会如何选中表格中的单个单元格、整行或整列的单元格等，以方便我们后续的操作。

①选中单个单元格：将鼠标光标置于表格中某个想要选择的单元格上并单击，当光标变为文本占位符时，即表示已经选中该单元格，如图11-5所示。

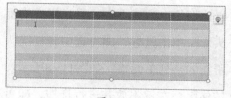

图11-5

②选中连续的多个单元格：将鼠标光标置于表格中需要选择的单元格区域的左上角单元格上方，这时鼠标光标变为文本输入的占位符。按住鼠标左键并拖动鼠标到单元格区域的右

下方，松开鼠标即可选中连续的单元格区域，如图11-6所示。

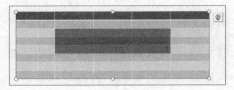

图11-6

③选中整行：将鼠标光标置于表格边框的左侧或右侧，待光标变为箭头形时单击鼠标左键，即可选中光标箭头所指的整行单元格，如图11-7所示。按住鼠标左键不放并进行拖拽，即可选中连续的整行。

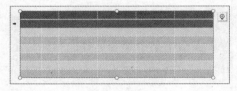

图11-7

④选中整列：将鼠标光标置于表格边框的上方或下方，当光标变为箭头形时单击鼠标，即可选中光标箭头所指的整列单元格，如图11-8所示。按住鼠标左键不放并进行拖拽，即可选择连续的整列。

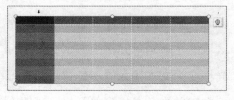

图11-8

⑤选中整个表格：将鼠标光标置于表格四条边中的任意一条边上，当鼠标光标变为十字形箭头时单击鼠标左键，可以选中整个表格，如图11-9所示。

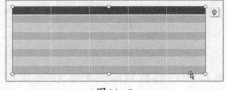

图11-9

也可以将鼠标光标置于表格的任意单元格中，点击选中该单元格，按快捷键"Ctrl+A"全选，即可选中整个表格。

（2）改变表格的行数与列数

首先，选中已创建的表格，点击"表格工具"选项卡，在选项卡左侧我们可以看到四个选项，分别为："在上方插入行""在下方插入行""在左侧插入列"和"在右侧插入列"，我们可以根据自己的需要来选择在哪个方向插入行或列。

在本例中，我们选择了第一个单元格为"离职部门"的整行，点击"在上方插入行"后，该行上方即插入了新的一行，如图11-10所示。

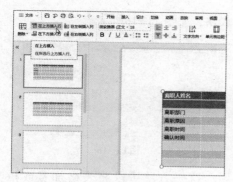

图11-10

如果我们需要删除行或列，我们首先选中要删除的行与列，随后选择"表格工具"选项卡，在选项卡中点击"删除"，在"删除"的下拉选项中，选择删除行或者列，如图11-11所示。

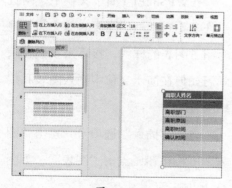

图11-11

（3）合并和拆分单元格

在一些情况下，我们需要对单元格进行合并和拆分。

①合并单元格。

选中要合并的单元格区域，打开"表格工具"选项卡，选择"合并单元格"，选中区域的单元格即被合并为一个单元格，如图11-12所示。

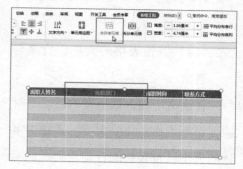

图11-12

②拆分单元格。

选中要拆分的单元格，点击"拆分单元格"选项后，会弹出"拆分单元格"对话框，在对话框中可以设置要拆分的行数与列数，如图11-13所示。

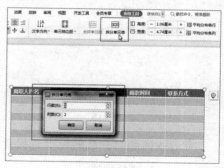

图11-13

设置好数值后点击"确定"按钮，选中的单元格即被拆分，如图11-14所示。

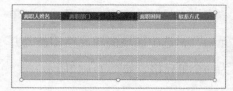

图11-14

（4）调整表格的大小、行高与列宽

在表格中输入数据文本后，有时需要调整表格整体的大小、表格中字体的大小以及表格的行高与列宽。字体的大小调整方法我们已经熟悉了，下面将介绍如何调整表格整体的大小、行高和列宽。

建立表格后，将鼠标光标置于需要调整的行或者列的边线上，待光标变为如图11-15所示的形状后，按住鼠标左键并拖动鼠标。

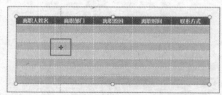

图11-15

将边线拖动到合适的位置，松开鼠标，即视为调整完毕。

调整表格的大小与调整图片大小的操作方法是一样的。将鼠标光标置于表格的四条边中的任意一条边上，当光标变为双箭头时，按住鼠标左键进行拖拽，松开鼠标后则得到了新的

表格，如图11-16所示。

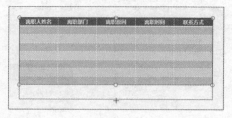

图11-16

这一方法可以将表格加宽或拉长，表格内部的行宽或列宽会随着表格原本的宽度或长度平均分布。

11.1.3 创建与编辑图表

（1）创建图表

在WPS的PPT演示文稿中，内置了许多不同类型的图表。前文简单地介绍了图表的样式，接下来我们就来学习如何在演示文稿中插入图表和编辑图表。

点击"插入"选项卡，点击"图表"下拉按钮，点击"图表"，如图11-17所示。

图11-17

在弹出的"图表"窗口中，左栏是可选择图表的类型，右栏上方是可选择的当前图表类型的样式，如图

11-18所示。

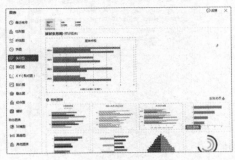

图11-18

选择好适合"集团离职人数趋势分析"的图表类型与图表样式后，点击"插入预设图表"即可在幻灯片中成功插入图表。这里我们选择"堆积折线图"，如图11-19所示。

图11-19

选中图表，在图表上单击鼠标右键，在弹出的列表中，选择"编辑数据"，如图11-20所示。

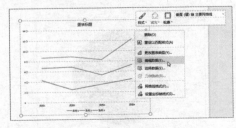

图11-20

随后，WPS演示文稿会在新的窗口中弹出"WPS演示中的图表"表格，在该表格中输入数据，如图11-21所示。

图11-21

在表格中输入数据，按"Ctrl+S"保存数据，关闭表格，演示文稿中的图表则会根据输入的数据显示，如图11-22所示。

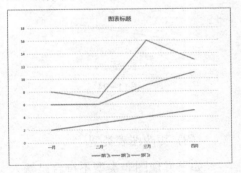

图11-22

（2）增加或删除图表数据组

如何增加或删除图表中的数据组呢？这里我们以添加数据为例，首先调出该图表来源的Excel表格，随后单击鼠标左键拖拽表格增加一行，如图11-23所示。

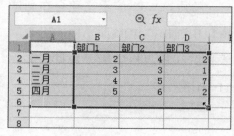

图11-23

在表格中新增加的单元格内输入数据后，按快捷键"Ctrl+S"保存数据，图表中即可显示出新数据，如图11-24所示。

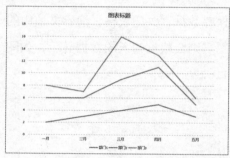

图11-24

（3）更改图表类型

如果发现图表类型不符合已输入的数据的表达怎么办？其实在 WPS演示文稿内不删除数据也可以直接改变图表样式。选中要更改的图表，点击"图表工具"选项卡，点击"更改类型"，如图11-25所示。

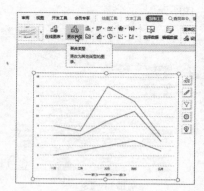

图11-25

在弹出的窗口中，选择图表类型后单击"插入预设图表"，就可以更改为当前选择的图表类型了，如图11-26所示。

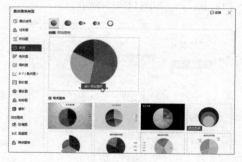

图11-26

最后单击"确定"按钮，当前选中图表的类型就改好了，如图11-27所示。

图11-27

（4）快速设置图表布局

图表布局由各种图表元素组成。在快速设置图表布局时，我们可以免去逐项设置图表元素的麻烦，实现图表布局"一键生成"。选中图表，在"图表工具"选项卡中选择"快速布局"下拉选项，在展开的列表中选择合适的布局，如图11-28所示。

图11-28

11.2 表格与图表的美化——制作"公司2020年营业额季度总结"

在演示文稿中，一组有力的数据通常是最好的材料，而利用数据与视觉打造出的一份合格的图表则是说服观众的关键所在。在这一章，我们将介绍多种美化图表的小方法，并且根据图表的几大分类进行归纳与总结。如果你对自己制作的图表不满意，如果你还想在制作图表上更进一步，如果你对美化图表束手无策，那么就看这里吧！

11.2.1 美化表格

在前文的所有案例中，我们都没有对表格进行美化，看到这里，你是否已经出现审美疲劳了呢？接下来，我们就来对表格进行美化吧！

（1）直接使用表格样式

选中要更改样式的表格，然后在"表格样式"选项卡中点击"预设样式"的下拉按钮，在下拉选项中有许多不同的表格样式，如图11-29所示。

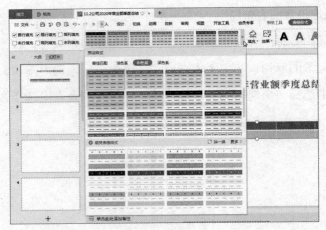

图11-29

　　将鼠标光标移动至某个表格样式缩略图上，幻灯片工作区即出现该表格样
式的预览。单击该表格样式缩略图，即可应用该表格样式，如图11-30所示。

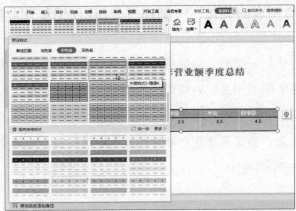

图11-30

　　如果要清除当前的表格样式，可以在"表格样式"选项卡中选择"清除表
格样式"，如图11-31所示。

图11-31

清除表格样式后，表格会呈现无底色、无文字变色的基本样式。

（2）单独设置表格的边框

表格的样式包括表格的边框、表格的底纹和表格的特殊效果。我们可以脱离表格样式的禁锢，发挥自己的想象来对表格进行美化。

现在开始讲解如何设置表格的边框。选中表格，点击"表格样式"选项卡，在图11-32所框选的矩形部分中，我们可以对表格边框的粗细、样式以及颜色进行设置。

图11-32

首先，选中整个表格，我们点击最上方线型的下拉按钮，在展开的列表中选择"虚线"，如图11-33所示。

图11-33

随后，在线型右侧的颜色下拉选项中，我们选择"浅绿"，如图11-34所示。

图11-34

单击"应用至"左侧的磅数设置下拉按钮，在展开的列表中可以选择表格边框的粗细，如图11-35所示。

图11-35

最后，点击"应用至"下拉按钮，选择需要改变样式或颜色的边框。如图11-36所示，这里我们选择"外侧框线"。

图11-36

如图11-37所示，此时表格的外侧框线的样式更改完成了。

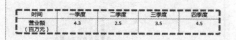

图11-37

如果需要单独设置某个单元格的边框，则只选中该单元格进行设置即可。

（3）设置表格底纹

接下来，我们对表格底纹进行设置。

首先，选中表格中需要添加底纹的部分，如图11-38所示，我们选择"时间"与"营业额（百万元）"两行单元格，随后点击"表格样式"选项卡，点击"填充"的下拉按钮。

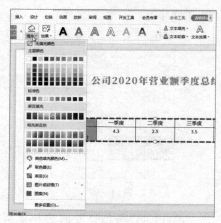

图11-38

在展开的列表中即可选择想要

的颜色。除了颜色之外，我们还可以尝试为表格添加图片、纹理或图案底纹。这里与图形的填充是共通的，大家可以自己多尝试。

（4）设置表格视觉效果

在给表格设置底纹时，我们能够发现，设置表格的特殊效果其实与设置图形图像的特殊效果是共通的。选中表格后点击"表格样式"选项卡，随后点击"效果"的下拉按钮。

在下拉列表中，我们即可设置表格的特殊效果，如图11-39所示，我们为表格添加了阴影。

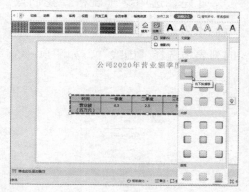

图11-39

11.2.2 图表美化初进阶

为什么说是"初进阶"呢？因为这一小节是通过WPS演示文稿中自带的图表样式，或者更改图表的配色来对当前图表进行美化的。当然，还有升级版本的图表美化方法，在后文中我们再慢慢说明。

（1）更改图表的整体样式

选中图表，打开"图表工具"选项卡，点击"图表样式"下拉按钮。

在展开的列表中选择合适的图表样式，将鼠标光标置于图表样式缩略图上即可看到图表样式的预览，点击图表样式缩略图，即可应用该图表样式，如图11-40所示。

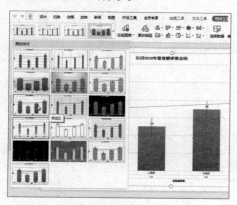

图11-40

（2）更改图表的局部颜色

我们也可以对图表的局部颜色进行单独修改。选中图表后，点击"图表工具"选项卡，点击"更改颜色"

下拉按钮，在展开的下拉选项中，可以选择不同的配色，如图11-41所示。

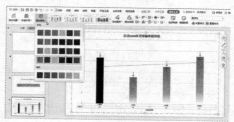

图11-41

如果想要改变某一部分的颜色怎么办？首先选中图表内想要改变颜色的部分，以图11-42中的柱状图为例，我们双击选中第一个柱形数据，这时在该柱形的四周出现了控制点。

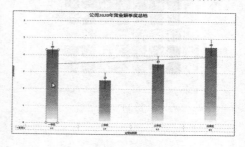

图11-42

随后，在所选柱形上单击鼠标右键，在弹出的列表上方我们能看到三个图标，分别为"样式""填充"与"轮廓"，如图11-43所示。

图11-43

在"样式""填充"和"轮廓"选项卡中，可以分别对当前选中的柱形进行样式设置、颜色填充以及轮廓设置。如图11-44所示，我们在"样式"中选择一种样式后，被选中的柱形样式发生了改变。

图11-44

在文字文本框上单击鼠标右键，同样也会浮出"样式""填充"与"轮廓"三个按钮，也可以对选中的文本样式进行设置，如图11-45所示。

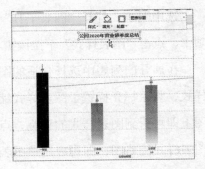

图11-45

此外，选中图表的背景，也可以更改背景的填充颜色等。

Chapter12 在 WPS 演示文稿中插入音视频与放映

一些特殊类型的PPT演示文稿中会插入音乐，通过激昂或轻柔的音乐来烘托气氛，而在PPT的开头加入的倒计时，则通过在演示文稿中插入视频来实现。在制作演示文稿时，插入与之风格相适应的背景音乐必定能为其加分。

12.1 在幻灯片中插入音视频——制作"水彩画课件"

12.1.1 音频的插入

新建演示文稿后，在幻灯片中设置好文档标题"水彩画课件"，随后打开"插入"选项卡，点击"音频"下拉按钮。

在展开的列表中，我们可以选择嵌入或链接音频和背景音乐，还可以选择系统自带的丰富音频。这里我们选择"嵌入音频"选项，如图12-1所示。

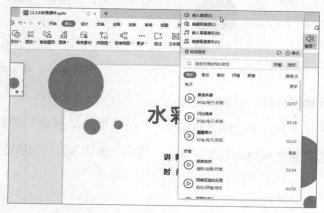

图12-1

在弹出的窗口中选择电脑上的音频文件，点击"打开"即可在幻灯片内插入音频，如图12-2所示。在"文件类型"中，我们要确定插入的音频是否被WPS Office支持。

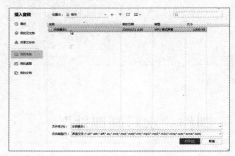

图12-2

插入音频后，在该页即刻出现表示已插入音频的图标，图标下方类似音乐播放器的组件可控制音频，如图12-3所示。

图12-3

当选中音频图标时，音频的控制条会显示在图标下方；未选中音频图标时，音频的控制条则隐藏起来，如图12-4所示。

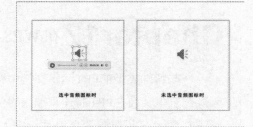

图12-4

12.1.2 音频的控制与调整

在幻灯片中插入音频后，我们能够看到音频的控制条，那么应该如何利用音频控制条来控制音频呢？

（1）音频的播放与暂停

首先，选中音频图标，这时幻灯片工作界面中出现音频控制条，点击"播放/暂停"按钮即可播放当前插入的音频，再次点击该按钮即可暂停播放音频，如图12-5所示。

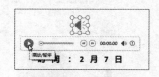

图12-5

"播放/暂停"键右侧的进度条代表当前插入音频的播放进度。

（2）音频的音量大小

单击音频控制条最右侧的小喇叭图标，可将当前幻灯片中插入的音频设置为静音，如图12-6所示，再次单击即可恢复正常音量。

图12-6

拖动音量控制点，可以调整音频的音量大小，如图12-7所示。

图12-7

（3）裁剪音频

当幻灯片中插入的音频过长时，可以对音频进行裁剪。选中幻灯片中的音频图标，点击"插入""音频工具"选项卡，选择"裁剪音频"，如图12-8所示。

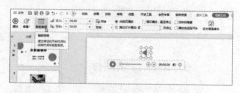

图12-8

在弹出的"裁剪音频"对话框中，单击"播放"按钮可以对整个音

频进行预听，根据幻灯片的需要，利用进度条调整音频的播放进度，记录音频的开始时间与结束时间，如图12-9所示。

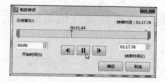

图12-9

确定音频的开始时间与结束时间后，挪动绿色滑块到音频的开始处、挪动红色滑块到音频的结尾处，点击"确定"按钮，即可完成对音频的裁剪，如图12-10所示。

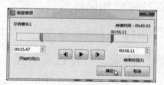

图12-10

（4）设置音频的播放方式

为了在放映演示文稿的过程中，幻灯片插入的音频能够达到理想的效果，我们可以选择自动播放音频或循环播放音频等多种音频播放方式。

首先我们选中音频图标，打开"音频工具"选项卡，点击"开始"下方的"自动"下拉按钮。在展开的列表中，我们可以选择"自动"选项，这表示播放这一页幻灯片时，当前幻灯片中插入的音频会自动播放，如图12-11所示。如果选择"单击"选项，则播放当前幻灯片时，只有单击鼠标才会开始播放该页幻灯片中的音频。

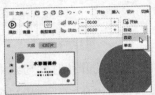

图12-11

在音频选项组中，我们不仅能设置音频的音量与播放方式，还能设置跨幻灯片播放和循环播放音频等。

如图12-12所示，单击"跨幻灯片播放"按钮，并设置需要播放到第几页停止。选中的音频不只在本页幻灯片中播放，直至我们设置的"至×页停止"，本页幻灯片中的音频一直会播放。

图12-12

勾选"循环播放，直至停止"复选框，如图12-13所示，则该页幻灯片中的音频会一直循环播放，直至本页幻灯片放映结束。

图12-13

（5）调整音频图标的外观

设置好音频后，我们也可以调整音频图标的外观。点击"图片工具"选项卡，选中音频图标，在"图片工具"选项卡中点击"色彩"下拉按钮，在展开的列表中可以对音频图标的色彩进行调整，如图12-14所示。

图12-14

与设置图片外观同理，通过其他选项可以对音频图标的亮度、对比度、阴影样式和边框进行调整。

（6）隐藏音频图标

在放映幻灯片时，隐藏音频图标可以保持页面的美观。选中音频图标，在"音频工具"选项卡中勾选

"放映时隐藏"复选框，如图12-15所示。

图12-15

选择该选项后，在放映幻灯片时音频图标就会被隐藏，但在编辑模式时图标还是会显示在幻灯片工作区。

我们还可以直接将小喇叭图标拖动至幻灯片工作区外，这样即使不隐藏图标，在放映幻灯片时也看不到音频图标。

12.1.3 设置幻灯片中的视频

（1）插入本地视频文件

首先，我们在"插入"选项卡中选择"视频"。点击"视频"下拉按钮，在展开的列表中选择"嵌入本地视频"，如图12-16所示。

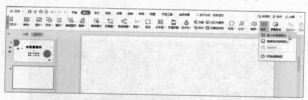

图12-16

在弹出的窗口中，选择电脑中要插入幻灯片中的视频文件，选择好后点击"打开"按钮，如图12-17所示。

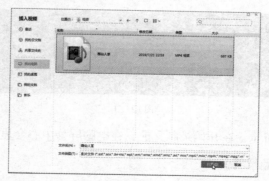

图12-17

视频就被成功地插入幻灯片中了，如图12-18所示。

图12-18

（2）使用 WPS进行屏幕录制

我们可以使用WPS Office 2019自带的录屏功能对屏幕进行录制，无须依靠其他录屏软件，录制好的视频可以直接插入幻灯片中。打开"插入"选项卡，点击"屏幕录制"按钮，此时，弹出"屏幕录制"窗口，如图12-19所示，窗口中出现"录屏幕""录应用窗口""录摄像头"三个选项，我们选择"录屏幕"选项。

图12-19

如图12-20所示，点击"开始录制"按钮，即可开始屏幕录制。

图12-20

如图12-21所示，在开始录制之前，在电脑屏幕中心会显示3秒的倒计时，倒计时结束后开始录制。

186

开始/停止录制 F7

图12-21

在屏幕录制的过程中，控制屏幕录制的弹出窗口会在屏幕的右下角显示，如图12-22所示。

图12-22

单击"停止"按钮，即可完成屏幕录制，录制好的视频都显示在"屏幕录制"窗口中。

最后，我们可以通过如图12-23所示的"打开文件夹"按钮，找到屏幕录制视频保存的位置，随后重复与"嵌入本地视频"相同的操作即可在幻灯片中插入屏幕录制视频了。

图12-23

12.1.4 调整及控制视频

在幻灯片中插入视频后，我们可以调整视频的大小和插入位置，并通过视频的控制条来控制视频、裁剪视频。

（1）控制条——掌握视频的进度

选中视频文件后，在当前幻灯片中的视频下方会出现控制条。在控制条中，从左至右，我们可以对视频的播放与暂停、视频的进度、快退或快进视频、视频的时长以及视频的音量等进行控制与操作，如图12-24所示。

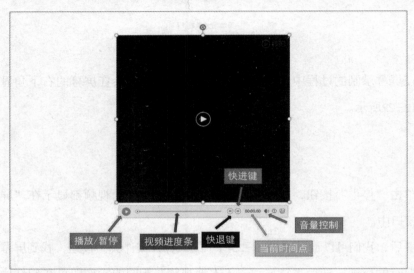

图12-24

（2）调整视频的大小及位置

将视频插入到幻灯片后，我们要根据演示文稿整体的需要，调整视频的大小和位置。选中视频文件，按住"Shift"键，用鼠标左键拖拽视频四个控制点的任意一点，如图12-25所示，即可改变视频的大小。

图12-25

我们可以直接用鼠标拖动视频以调整视频在幻灯片中的位置。

（3）裁剪视频

与音频的裁剪一样，视频也可以通过裁剪来设定开始时间与结束时间。选中视频文件后，打开"视频工具"选项卡，选择"裁剪视频"选项，如图12-26所示。

图12-26

此时弹出"裁剪视频"窗口，通过播放按钮可对视频进行预览。播放按钮两侧则是"向后调整帧数"和"向前调整帧数"按钮，以便我们微调视频的进度。通过拖动绿色的起始时间滑块和红色的结束时间滑块来确定视频的开始时间与结束时间，最后点击"确定"按钮，完成对该段视频的裁剪，如图12-27所示。

图12-27

 12.2 **演示文稿的放映、审阅与适配——放映"水彩画课件"**

在演示文稿的设计与使用过程中，我们会遇到各种各样的问题。例如，为什么演示文稿中费尽心思做出来的视频或音频，在放映时突然播放卡顿或播放不出来？其实这些问题是可以解决的，关键在于你是否了解PPT的放映与适配知识。

12.2.1 演示文稿放映时的其他设置

（1）设置循环放映

在某些场合中，我们需要把演示文稿设置成循环放映，即无人控制演示文稿时，幻灯片也能一张一张地放映。下面我们将为大家介绍如何设置演示文稿的循环放映。

首先，我们打开演示文稿，选择"放映"选项卡中的"放映设置"下拉选项。在下拉列表中，选择"放映设置"，如图12-28所示。

图12-28

在弹出的"设置放映方式"窗口中的"放映选项"组中，勾选"循环放映，按Esc键终止"复选框，如图12-29所示。最后点击"确定"按钮，当前演示文稿的循环放映就设置完成了，只有按"Esc"键后才会终止放映。

图12-29

（2）指定放映选中的幻灯片

在放映演示文稿时，如果只想放映指定的幻灯片，我们应该怎么做呢？我们可以利用WPS演示文稿中的自定义放映功能来解决这一问题。

首先打开演示文稿，点击"放映"选项卡中的"放映设置"下拉按钮。在下拉列表中，选择"放映设置"，在弹出的"设置放映方式"窗口中的"放映幻灯片"组中，我们可以看到"全部""从某页到某页"和"自定义放映"三个选项，如图12-30所示。

图12-30

如果需要放映的幻灯片的顺序是连贯的，那么我们可以选择"从某页到某页"选项，并在复选框中填写需要播放的页数，如图12-31所示。

图12-31

如果需要放映的幻灯片的顺序不是连贯的，那么我们需要选择"自定义放映"选项。我们也可以在"放映"选项卡中直接选择"自定义放映"选项，如图12-32所示。

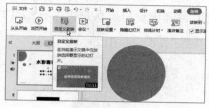

图12-32

选择"自定义放映"后，会弹出"自定义放映"窗口，在弹出的窗口中选择"新建"按钮，如图12-33所示。

图12-33

点击"新建"后，窗口页面变为左右两侧分别显示白色矩形选框的界面。

左侧矩形选框中是当前演示文稿中所有幻灯片的页数，右侧则是我们所需要添加自定义放映的幻灯片页数，点击左侧的幻灯片再点击"添加"或直接双击左侧的幻灯片，即可将左侧幻灯片添加至右侧选框中，如图12-34所示。

图12-34

设置好幻灯片自动放映的页数后点击"确定"按钮，在"自动放映"窗口中则会生成一个"自定义放映1"文件，此时点击"放映"即可开始放映指定的幻灯片了，如图12-35所示。

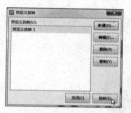

图12-35

12.2.2 预演与自动播放演示文稿

（1）对演示文稿进行计时排练

在对演示文稿进行讲解时需要时间，如果这时我们由于某些原因需要自动放映演示文稿，则需要对每张幻灯片的播放时间进行设置。但在对幻灯片播放时间进行设置前，应该对每张幻灯片进行计时预演，才能更加准确地把握每一张幻灯片的演示时间。

首先打开幻灯片，在"放映"选项卡中点击"排练计时"下拉按钮。在下拉列表中，有"排练全部"和"排练当前页"两个选项，这里我们选择"排练全部"选项，如图12-36所示。

图12-36

点击"排练全部"选项后，幻灯片就进入了排练模式，界面与幻灯片放映模式相同，不过在页面的左上角有一个计时器，如图12-37所示。

图12-37

在计时器中，我们可以通过按"下一项"按钮进入下一页，计时器也会重新从零开始计时，如图12-38所示。而"暂停"选项可以暂停当前的计时。

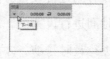

图12-38

在对需要排练计时的幻灯片计时结束后，直接按"Esc"键退出排练，此时会弹出窗口确认是否保存幻灯片的排练时间，如图12-39所示。

图12-39

点击"是"后，则演示文稿自动进入幻灯片浏览视图，在每一页幻灯片的右下角都会显示该幻灯片的具体排练时间，如图12-40所示。

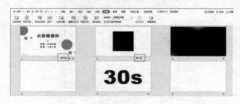

图12-40

（2）设置换片方式

确定了每张幻灯片的具体排练时间后，我们就可以对幻灯片的换片方式进行设置了。

首先选择"放映"选项卡，点击"放映设置"下拉按钮，在下拉列表中，选择"放映设置"。

在弹出的"设置放映方式"窗口中的"换片方式"组中，我们可以看到"手动"和"如果存在排练时间，则使用它"两个选项，如图12-41所示。

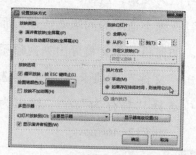

图12-41

我们在前面已经对排练时间进行了设置，这里我们直接选择"如果存在排练时间，则使用它"选项，最后点击"确定"按钮。

设置完成后，再点击"当页开始"按钮，演示文稿即"从当前幻灯片开始放映"，进行自动播放。

12.2.3 对演示文稿的审阅

演示文稿中幻灯片中的文字在设计制作的过程中很可能出现拼写错误，我们不必逐一查找，只需使用WPS演示文稿的拼写检查功能即可轻松找出错误。

首先打开演示文稿，在"审阅"选项卡中点击"拼写检查"下拉按钮，如图12-42所示。

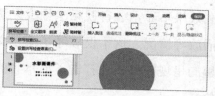

图12-42

在下拉列表中，我们选择"设置拼写检查语言"选项，在弹出的"设置拼写检查语言"窗口中对能够检查的语言进行设置，如图12-43所示。

图12-43

随后直接点击"审阅"选项卡中的"拼写检查"按钮，工作界面内弹出如图12-44所示的提示窗口，表示拼写检查完成。

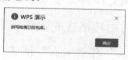

图12-44

12.2.4 关于音视频与动画效果的适配

大家可能遇过这样的情况：在自己电脑里设计制作完成的演示文稿，在其他电脑上演示时，出现动画效果不显示、音视频卡顿或无法播放等情况。这不仅破坏了演示文稿的呈现效果，还打击了演示者的信心。

首先，出现该问题往往是因为演示文稿制作者所用电脑中的WPS演示文稿版本较高，但放映演示文稿的电脑中的WPS版本过低。其中，音视频是我们设计制作演示文稿时比较常见的元素，插入音视频时，我们也习惯使用".mp3"或".mp4"格式的音视频文件。这两种格式的音视频文件适用于WPS 2003以上版本，在WPS 2003及更早的版本中，只支持".wmv"和".wav"的音视频格式，如图12-45所示。所以，在低版本的WPS中演示".mp3"与".mp4"格式的音视频文件时需要安装解码器，或者事先利用转格式的软件将音视频转为".wmv"和".wav"格式，才能正常播放。

还有一个解决方法就是将演示文稿导出为视频，这样，关于动画效果与音视频不适配的问题就能迎刃而解了。如何将演示文稿导出为视频呢？点击"文件"选项卡，在左侧选项栏中选择"另存为"→"输出为视频"，如图12-46所示。

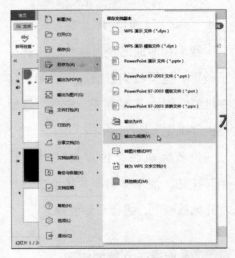

图12-46

在"另存文件"窗口中设置好保存文件的位置以及文件名称后，点击"保存"按钮就可以将演示文稿导出为视频了。

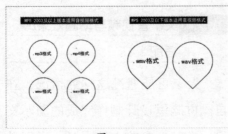

图12-45

附录：WPS Office 2019 常用快捷键汇总

使用快捷键来设计制作办公文档，能够节省时间。如果我们能够对WPS Office 2019中的快捷键了如指掌，就会在办公软件高手的路上越走越远！我们将快捷键分为通用、WPS文字应用、WPS表格应用和WPS演示应用四部分，快来学习吧！

通用快捷键

快捷键	Ctrl+Z	Ctrl+C	Ctrl+V	Ctrl+X	Ctrl+A	Ctrl+滚轮
功能	撤销上一步操作	复制内容	粘贴内容	剪切内容	全选	缩放工作区

快捷键	Ctrl+F	Ctrl+H	Ctrl+S	F12	Ctrl+N	Ctrl+P
功能	查找	替换	保存	另存为	新建同类型文档	打印

快捷键	Ctrl+W	Ctrl+B	Ctrl+K	Ctrl+L	Ctrl+R	Ctrl+E
功能	关闭当前文件	文字加粗	超链接	段落左对齐	段落右对齐	段落居中对齐

WPS文字应用快捷键

快捷键	Ctrl+G	Shift+End	Shift+Home	Shift+↑	Shift+↓
功能	定位	选定至行尾	选定至行首	选定至上一行	选定至下一行

快捷键	Shift+←	Shift+→	Ctrl+Shift+↑	Ctrl+Shift+↓
功能	选定至左侧的第一个字符	选定至右侧的第一个字符	选定至段首	选定至段尾

WPS表格应用快捷键

快捷键	Ctrl+G	Ctrl+D	Ctrl+R	Ctrl+;	Ctrl+Shift+;
功能	定位	向下填充	向右填充	键入当前日期	键入当前时间

快捷键	Ctrl+PageUp	Ctrl+PageDown	Shift+PageUp	Shift+PageDown
功能	切换到上一个工作表	切换到下一个工作表	选中到上一屏相应单元格区域	选中到下一屏相应单元格区域

快捷键	Shift+Enter	Tab	Shift+Tab
功能	完成输入并向上选取上一个单元格	完成输入并向右选取上一个单元格	完成输入并向左选取上一个单元格

WPS演示应用快捷键

快捷键	Ctrl+M	Ctrl+Enter	Ctrl+D	F4	Ctrl+G	Ctrl+Shift+G
功能	新建幻灯片	分页	快速复制对象	重复上一步操作	建立多对象组合	取消组合

快捷键	Ctrl+【	Ctrl+】	Ctrl+Shift+C	Ctrl+Shift+V	Ctrl+F1	Ctrl+H (放映模式下)
功能	减小字号	增大字号	复制格式	粘贴格式	折叠/释放幻灯片功能区	隐藏鼠标指针

快捷键	F5	Shift+F5	W	B	Esc
功能	从第一页开始播放	从当前幻灯片开始放映	白屏（按任意键恢复）	黑屏（按任意键恢复）	退出放映模式